合成基因组学

Synthetic Genomics

主　编　仰大勇　王升启

科学出版社

北京

内 容 简 介

全书共9章，包括DNA与生命、DNA的结构、DNA化学合成技术、DNA酶法合成技术、DNA胞外拼装方法、胞内组装与转移、DNA测序技术、基因编辑技术和人工合成基因组。重点介绍了合成基因组学的理论和技术，包括基因的设计、合成、编辑及修饰技术，仪器设备及应用等相关技术。

本书对合成生物学领域中基因组合成的方法和相关领域的最新进展等内容进行了详细的介绍，可作为合成生物学、生物工程、生物信息、生物技术及制药工程等专业本科生、研究生的教学用书，也可供相关领域科研人员参考。

图书在版编目（CIP）数据

合成基因组学 / 仰大勇，王升启主编 . —北京：科学出版社，2020.10
ISBN 978-7-03-065980-4

Ⅰ．①合…　Ⅱ．①仰…②王…　Ⅲ．①基因组－生物合成　Ⅳ．① Q343.2

中国版本图书馆 CIP 数据核字（2020）第 164677 号

责任编辑：程晓红 / 责任校对：郭瑞芝
责任印制：赵　博 / 封面设计：吴朝洪

科 学 出 版 社 出版
北京东黄城根北街 16 号
邮政编码：100717
http://www.sciencep.com

三河市春园印刷有限公司　印刷
科学出版社发行　各地新华书店经销

*

2020 年 10 月第 一 版　开本：787×1092　1/16
2021 年 1 月第二次印刷　印张：10　插页：1
字数：237 000

定价：118.00 元
（如有印装质量问题，我社负责调换）

主编简介

仰大勇 天津大学化工学院教授、博士生导师。本科和硕士毕业于华中科技大学，博士毕业于国家纳米科学中心，美国康奈尔大学和荷兰奈梅亨大学博士后。从事DNA合成功能材料及疾病诊断治疗研究，在 *Chem Rev*、*J Am Chem Soc*、*Angew Chem*、*Prog Polym Sci* 等国际权威期刊发表学术论文70多篇。

王升启 军事医学研究院研究员，主要从事合成生物学、分子诊断与治疗研究，曾获国家杰出青年基金、"求是"杰出青年奖、吴阶平医药创新奖等，以第一完成人获国家技术发明和科技进步二等奖各1项，负责研发的分子诊断产品获国家和军队注册证书共64项，多项为首次获批。在 *Nat Microbiol*、*Nucleic Acid Res*、*Gut* 等国际权威期刊发表学术论文150多篇。

编者名单

主　编　仰大勇　王升启

编　者（按姓氏汉语拼音排序）

丁小惠　何小羊　胡　品　郎秋蕾　李　凤

李凌慧　李璐璐　刘津桥　刘丽艳　刘雨洁

欧俊含　彭泳缙　沈励泽　沈皖珠　宋纳川

王　飞　王学军　肖　晔　谢泽雄　徐毓玮

姚　池　朱晨旭　朱　艺

前　言

　　合成生物学以工程化设计理念，对生物体进行有目标的设计、改造乃至重新合成，是一个新兴的研究领域，日益表现出对生物学领域研究的支撑作用及强大创新力。DNA合成是合成生物学重要的底层技术。合成基因组（DNA合成）即利用化学、生物学、自动化及计算机科学等多种先进技术手段合成生物的部分或整个基因组，是基因获取的重要技术手段之一。合成的基因组可作为生物基因组的取代物，对人工生命、生物医药、清洁能源和环境保护等领域产生颠覆性影响。

　　《合成基因组学》（Synthetic Genomics）由我与王升启研究员主编。2018年，本人与王升启研究员一起申报了科技部重点研发计划合成生物学专项，并获得资助，项目名称是"高通量脱氧核糖核酸(DNA)合成创新技术及仪器研发"（项目编号：2018YFA0902300）。王升启研究员是国内较早开展DNA合成技术和仪器开发的科学家，本人长期从事相关研究。DNA合成目前已经发展到既有一定知识和技术积累，又亟需有所突破的阶段。在项目申报过程中，王升启研究员提议合作出版一本关于DNA合成方面的专著，总结过去的知识，启迪未来的研究。

　　2019年，天津大学率先设立了合成生物学专业，本人负责开设"合成基因组学"（也称作"DNA合成"）课程，作为本专业本科生的核心专业课程。2019年春夏，我们着手建设这门课程，广泛搜集资料，撰写了用于课程的讲义。2019年秋，课程首次开讲，30名首批合成生物学专业本科生与我一起学习。今年初，我们以讲义为基础，联络国内开展相关研究的同仁，一起修改、打磨、提升，形成了《合成基因组学》一书。

　　编写本书时，编者既考虑作为专著的实时性和前沿性，同时兼顾作为本科生或研究生教材的普适性和系统性。从DNA的基础知识出发，逐步深入到DNA的合成技术、测序技术、编辑技术，最后落脚到最新的人工合成基因组前沿进展。全书包括9章，分别为DNA与生命、DNA的结构、DNA化学合成技术、DNA酶法合成技术、DNA胞外拼装方法、胞内组装与转移、DNA测序技术、基因编辑技术、人工合成基因组。据调研，目前国内尚无合成基因组学专著或教材，故深感幸运有机会填补这一空缺，为相关专业的学生和相关领域的科研人员呈献一本有参考和启迪价值的专著。希望《合成基因组学》的出版，能够为国内合成生物学、生物工程及制药工程等学科的教学、科研和产业化起到积极的推动作用。

由于编者知识和语言能力所限，书中难免出现疏漏，望各位读者指正，敬请同行赐教。另外，由于合成生物学的发展日新月异，会不断出现新的技术突破，本书可能会在不久的将来"过时"，期待能够及时将新知识增补进去。

在此，感谢本书编写团队的协作努力，感谢所有为本书的编写出版付出辛苦和努力的朋友们，感谢天津大学化工学院对本书出版的支持，使我们有机会将本书呈献给大家，期待为读者带来知识、灵感和愉悦。

天津大学化工学院教授、博士生导师　仰大勇

2020年6月

目　录

第1章

DNA 与生命

　　"生命之谜"对于人类来说一直是一个黑匣子，DNA（脱氧核糖核酸）作为重要的生命遗传物质，科学家从未停止对其进行研究。1944年艾弗里利用致死S型和不致死R型两种肺炎双球菌进行转化实验，1952年赫尔希和蔡斯通过分别标记蛋白质和DNA进行噬菌体侵染细菌实验，一步一步地证实了DNA是主要的遗传物质。1953年DNA双螺旋结构的发现开启了分子生物学时代，人们清晰地认识到遗传信息的构成和复制等途径，为人类探索DNA与生命的奥秘奠定了基础。

　　英国遗传学家威廉·贝特森曾说过：遗传规律的精准性不仅颠覆了我们的世界观，同时也成为人类征服自然界的强大武器，而这种超凡的预见力令其他任何学科都相形见绌。随着科学技术的进一步发展，人类并不满足于认识DNA，开始尝试人工合成并改造DNA。DNA的从头合成、组装和编辑等技术不断发展，合成与组装能力从不足100 bp提高到10^6 bp以上。DNA合成技术的发展是人类对生命系统认知和深刻探索之后的必然结果。

　　诺贝尔奖作为在世界范围影响巨大的奖项，表彰了许许多多在科研成就上做出伟大贡献的科学家。从20世纪初期德国科学家阿尔布雷希特·科塞尔首次分离出单核苷酸，到确定DNA分子结构，再到2015年发现DNA的修复机制，100多年的时间里，众多科学家因探索DNA的奥秘而获此殊荣。1910～2019年，与DNA相关的诺贝尔化学奖、生理学或医学奖共计17项，38名科学家获奖，历年获奖者信息及获奖成就如表1-1所示。

表1-1　DNA研究相关的诺贝尔奖获奖者及其获奖成就（1910～2019）

年份及奖项	获奖者	国籍	获奖成就
1910年生理学或医学奖	阿尔布雷希特·科塞尔	德国	研究包括细胞核物质在内的蛋白质
1933年生理学或医学奖	托马斯·亨特·摩尔根	美国	发现遗传中染色体所起的作用
1946年生理学或医学奖	赫尔曼·约瑟夫·缪勒	美国	发现用X射线辐射的方法能够产生基因突变
1958年生理学或医学奖	乔治·韦尔斯·比德尔	美国	发现基因功能受到特定化学过程的调控
	爱德华·劳里·塔特姆	美国	
	乔舒亚·莱德伯格	美国	发现细菌遗传物质组织及基因重组现象
1959年生理学或医学奖	阿瑟·科恩伯格	美国	发现RNA和DNA的生物合成机制
	塞韦罗·奥乔亚	美国	

续表

年份及奖项	获奖者	国籍	获奖成就
1962年生理学或医学奖	弗朗西斯·克里克	英国	发现核酸的分子结构及其对生物信息传递的重要性
	詹姆斯·杜威·沃森	美国	
	莫里斯·威尔金斯	英国	
1968年生理学或医学奖	罗伯特·霍利	美国	解释遗传密码及其在蛋白质合成中的功能
	马歇尔·尼伦伯格	美国	
	哈尔·葛宾·科拉纳	印度	
1978年生理学或医学奖	沃纳·阿尔伯	瑞士	发现限制性内切酶及其在分子遗传学方面的应用
	丹尼尔·内森斯	美国	
	汉弥尔顿·史密斯	美国	
1980年化学奖	保罗·伯格	美国	研究重组DNA及核酸中基础生物化学
	沃特·吉尔伯特	美国	发现核酸中DNA碱基序列的确定方法
	弗雷德里克·桑格	英国	
1989年化学奖	西德尼·奥尔特曼	加拿大	发现核糖核酸具有催化特性
	托马斯·罗伯特·切赫	美国	
1993年生理学或医学奖	理查德·罗伯茨	英国	发现断裂基因
	菲利普·夏普	美国	
1993年化学奖	凯利德·穆利斯	美国	发明聚合酶链式反应（PCR）方法
	迈克尔·史密斯	加拿大	建立以寡聚核苷酸为基础的定点突变技术
2006年生理学或医学奖	克雷格·梅洛	美国	发现RNA干扰——双链RNA使基因沉默
	安德鲁·法尔	美国	
2006年化学奖	罗杰·大卫·科恩伯格	美国	研究真核转录的分子基础
2009年生理学或医学奖	伊丽莎白·布莱克本	澳大利亚	发现在细胞分裂时染色体如何完整地自我复制以及染色体如何受到保护以免于退化
	卡罗尔·格雷德	美国	
	杰克·绍斯塔克	英国	
2015年化学奖	托马斯·林达尔	瑞典	研究DNA修复的细胞机制
	保罗·莫德里奇	美国	
	阿齐兹·桑贾尔	土耳其	
2018年化学奖	弗朗西斯·阿诺德	美国	发现酶的定向进化
	乔治·史密斯	美国	研究用于多肽和抗体的噬菌体展示技术
	格雷戈里·温特	美国	

接下来分别简要介绍这些获奖成果。

1910年诺贝尔生理学或医学奖授予阿尔布雷希特·科塞尔。科塞尔是第一位系统研究核酸分子结构的科学家，他从核酸水解物中分离出某些含氮化合物，并将这些含氮化合物命名为胞嘧啶、胸腺嘧啶、腺嘌呤、鸟嘌呤。科塞尔的这一伟大工作为探明生命起源及遗传奥秘奠定了分子基础。

1933年诺贝尔生理学或医学奖授予托马斯·亨特·摩尔根。摩尔根通过对果蝇遗传性状的传递进行统计研究，发现基因存储在细胞核染色体上以及染色体在遗传中的作用，并创立了基因学说。摩尔根创立的基因学说揭示了基因是组成染色体的遗传单位，能够控制遗传性状的发育，也是突变、重组、交换的基本单位。

1946年诺贝尔生理学或医学奖授予赫尔曼·约瑟夫·缪勒。缪勒发现X射线可以引起生物体内的基因突变。在X射线诱导果蝇突变实验中，果蝇在正常交配繁殖后代时，会产生基因突变，有突变体出现，但是这种概率极低。如果将正常果蝇放置在X射线下照射，产生突变体的数量会大大增加。由此证明X射线的照射会引起生物体内的基因突变。缪勒的这项发现为人工诱导生物体突变开辟了重要途径。

1958年诺贝尔生理学或医学奖授予乔治·韦尔斯·比德尔、爱德华·劳里·塔特姆及乔舒亚·莱德伯格。比德尔与塔特姆发现通过基因能够控制酶的合成，每个基因控制且仅控制一种酶的合成，提出著名的"一个基因一种酶"的学说，揭示了基因的基本功能，被遗传学家普遍接受。1946年莱德伯格发现病毒可以将一个宿主的DNA转移到另一个宿主的细胞中，由此发现了基因重组现象，开辟了微生物遗传学研究的广阔领域。

1959年诺贝尔生理学或医学奖授予塞韦罗·奥乔亚及阿瑟·科恩伯格。奥乔亚及科恩伯格通过探究DNA和RNA的合成方式以及控制这一过程的酶，发现了DNA和RNA的生物合成机制。奥乔亚分离得到一种能够催化RNA合成的酶，并且阐明了RNA生物合成机制。科恩伯格在1956年证明了DNA的复制过程，并成功分离出DNA聚合酶，为后续的分子生物学和酶学的发展奠定了基础。

1962年诺贝尔生理学或医学奖授予詹姆斯·杜威·沃森、弗朗西斯·克里克及莫里斯·威尔金斯。1953年，沃森和克里克确定DNA分子的结构为双螺旋结构。20世纪50年代初期，威尔金斯和富兰克林即致力于确定DNA分子的结构。威尔金斯和富兰克林等得到的X射线衍射图像对沃森和克里克最终揭开DNA双螺旋结构神秘的面纱发挥了重要作用。1957年，克里克首先公开提出"中心法则"的概念，概述了生命的本质，遗传信息和蛋白质折叠的来源。

1968年诺贝尔生理学或医学奖授予罗伯特·霍利、马歇尔·尼伦伯格及哈尔·葛宾·科拉纳。1950年，霍利确定了遗传信息是从DNA转移到RNA，再转移到蛋白质。DNA中三个核苷酸的序列被称为密码子，对应蛋白质中的特定氨基酸。蛋白质是在位于细胞核外的核糖体中形成的。氨基酸借助"tRNA"这种特殊类型RNA向核糖体运输。尼伦伯格建立和完善了大肠杆菌的无细胞翻译系统，成功破译出前几个密码子，并发现RNA直接指导蛋白质合成。科拉纳发现了细胞核内遗传物质控制蛋白质合成的机制。

1978年诺贝尔生理学或医学奖授予沃纳·阿尔伯、汉弥尔顿·史密斯及丹尼尔·内森斯。他们发现了限制性内切酶，揭示了限制酶的生理功能，并将这种酶应用到分子遗传学，三者的研究相互启发。阿尔伯通过大量的实验以及数据收集整理发现，在细菌细胞中存在一种"限制酶"，可以分裂噬菌体的DNA，并使之失活，从而遏制噬菌体的侵染。同时，阿尔伯发现了由"修饰酶"主导的修饰机制。史密斯则通过不断地分离提纯，从流感嗜血杆菌中提取得到限制性核酸内切酶，印证了阿尔伯的猜想。内森斯利用限制酶研究基因结构和功能。在史密斯工作的启发下，内森斯利用Ⅱ型限制性核酸内切酶将猕猴肾肿瘤病毒（SV40）的环状双链 DNA 切割成多个小片段，还确定了这些小片段在 DNA 分子内的排列顺序，绘制出第一个 SV40 遗传图谱。限制性内切酶的发现为解释基因在染色体上的顺序、基因的化学成分以及 DNA 重组开辟了道路。

1980 年诺贝尔化学奖授予保罗·伯格、沃特·吉尔伯特及弗雷德里克·桑格。其中，伯格对核酸生物化学的基础研究，特别是关于重组 DNA 的研究做出了巨大的贡献。吉尔伯特和桑格在核酸测序方面做出了突出贡献。1972 年，伯格通过对 SV40研究，成功将细菌的 DNA 插入病毒 DNA 中，创造了第一个由不同生物体组成的DNA 分子，这种分子被称为"杂交 DNA"或"重组 DNA"。1977 年，吉尔伯特提出化学降解法测定 DNA 序列的方法。1977 年，桑格发明了链终止测序法。吉尔伯特发明的化学降解法和桑格发明的链终止测序法并称为第一代核酸测序方法。

1989 年诺贝尔化学奖授予西德尼·奥尔特曼及托马斯·罗伯特·切赫，他们发现了 RNA 的催化特性。RNase P 是蛋白质和 RNA 的复合物，具有切割 tRNA 的能力。1978 年，奥尔特曼通过对 RNase P 的研究发现，除去 RNA 后 RNase P 失去切割 tRNA 的功能。1982 年，切赫发现嗜热四膜虫 rRNA 的自我剪切反应，证明 RNA分子具有生物催化的功能。RNA 酶的发现改变了"酶的本质是蛋白质"这一传统观念。

1993 年诺贝尔化学奖授予迈克尔·史密斯及凯利·穆利斯。史密斯提出了一种寡核苷酸定点诱变技术。穆利斯发明了聚合酶链式反应技术，该技术能够以指数形式扩增 DNA 片段，被广泛应用于分子生物学领域的研究。

1993 年诺贝尔生理学或医学奖授予理查德·罗伯茨及菲利普·夏普，以表彰他们在基因结构研究中取得的突破性成就。1977 年，罗伯特和夏普发现基因在 DNA 上的排列不是连续的，由一些不相关的片段隔开。细胞内的结构基因并非全部由编码序列组成，而是在编码序列中间插入了无编码作用的碱基序列，这类基因被称为断裂基因。

2006 年诺贝尔生理学或医学奖授予克雷格·梅洛及安德鲁·法尔。他们通过对秀丽新小杆线虫的研究发现了一种称为 RNA 干扰的现象。在这种现象中，双链 RNA阻断了 mRNA，导致某些遗传信息不会在蛋白质合成过程中表达。

2006 年诺贝尔化学奖授予罗杰·大卫·科恩伯格。生物体的基因存储在 DNA 分子内部，科恩伯格发现了 DNA 中的信息传递到 RNA 的过程，并确定了该过程中 RNA聚合酶Ⅱ的结构。科恩伯格是首位在分子水平上揭示真核生物转录过程的科学家。

2009 年诺贝尔生理学或医学奖授予伊丽莎白·布莱克本、卡罗尔·格雷德及杰克·绍斯塔克。他们发现了端粒和端粒酶保护染色体的机制。1980 年，布莱克本发现端粒由富含 G 的串联重复序列组成，不含功能基因，且高度保守。1982 年，布莱克本与绍斯塔克发现这种 DNA 可以防止染色体在酵母细胞中的降解。1984 年，布莱克本和格雷德发现端粒酶。细胞每分裂一次端粒缩短 50 ～ 100 bp，端粒的长度缩短到一定长度便不再具有启动染色体复制的能力。端粒酶可调节端粒 DNA 的合成，延长细胞的分裂次数，延缓细胞衰老。

2015 年诺贝尔化学奖授予托马斯·林达尔、保罗·莫德里奇及阿齐兹·桑贾尔。他们从分子水平上揭示了细胞通过修复损伤的 DNA 保护遗传信息的机制。林达尔发现了碱基切除修复机制用于修复 DNA 的损伤。莫德里奇发现了细胞在有丝分裂时如何修复错误的 DNA——错配修复。错配修复主要通过 MutS、MutL 和 MutH 三种酶共同作用切除错误的复制，移除错配序列，最后利用 DNA 聚合酶形成新的互补链填补缺口，利用 DNA 连接酶封闭 DNA 链。桑贾尔发现了紫外线对人体 DNA 造成损伤后进行修复的分子机制。细胞通过 DNA 修复途径识别和修复 DNA 损伤，保证生物物种的遗传稳定性。

2018 年诺贝尔化学奖授予弗朗西斯·阿诺德、乔治·史密斯及格雷戈里·温特。阿诺德为蛋白质的定向进化做出了开拓性的贡献。史密斯开发了噬菌体展示技术，温特使用了"噬菌体展示"法，利用噬菌体进化新蛋白质。通过定向进化产生的酶可用于生产从生物燃料到药物等产品。使用噬菌体展示法进化出的抗体可以抵抗自身免疫性疾病，在某些情况下可以治愈转移性癌症。

被誉为生命科学史上"第二次革命"的人类基因组计划（HGP），是继"曼哈顿原子弹计划"和"阿波罗登月计划"之后，人类科学史上又一伟大工程。HGP 的最终目标是构建人类基因组的 DNA 全序列图，包括遗传图、物理图、转录图和序列图。1990 年 10 月 1 日，美国率先启动 HGP 计划，2000 年 6 月 26 日，HGP 计划顺利完成，2003 年，人类基因组精细图顺利完成。

DNA 测序技术作为 HGP 顺利完成的基础，经过跨世纪的发展，经历了从烦琐的对 DNA 进行切割、扩增、荧光标记到实时、单分子、检测电信号的变化，经历了从低通量测序到高通量测序，从高昂的测序成本、过高的读长出错率到费用低廉、准确率较高的变化。DNA 测序技术不断发展并逐步走向成熟，为合成核苷酸链的准确性提供了质控标准，并且为 DNA 体外拼装和 DNA 胞内组装提供了技术保障。

科学家们采用了一系列合成方法从头合成已知的基因组，同时保证其具有生物活性。首先使用化学合成或酶促合成方法，从头合成寡核苷酸链。然而，寡核苷酸链合成长度的增加伴随着精确度与产量的降低，限制了寡核苷酸链精确合成的长度。早期的化学法合成寡核苷酸链具有成本高、通量低的缺点，催生了微阵列技术等新型化学合成方法。同时，DNA 体外拼装技术逐渐兴起，胞内同源重组为大片段 DNA 合成提供了高效的方法。测序技术的进步使人类能够获得更准确的基因组序列，结合基因编辑技术，人工合成的基因组愈加精准。

本书共 9 章，分别对合成生物学领域中大片段 DNA 合成的基本方法和与 DNA 合成相关技术领域的发展情况等内容进行了介绍。第 2 章将介绍 DNA 的化学组成、结构特点和性质以及与 DNA 合成相关的操作技术。第 3 章与第 4 章分别介绍从头合成寡核苷酸链的两种技术——DNA化学合成技术及DNA酶法合成技术的发展历史及技术方法。第5章与第6章集中介绍小片段DNA胞外拼装及基因组胞内组装与转移的技术原理和方法特点。第7章与第8章通过对三代DNA测序技术及基因编辑技术发展历程及基本原理的介绍，帮助读者了解用于合成人工基因组的现代生物学技术。第9章对人工合成酵母基因组的内容及研究成果进行了介绍与讨论。

第 2 章

DNA 的结构

DNA 双螺旋结构模型是 20 世纪以来生物学最伟大的发现之一，使生物学研究从细胞水平深入到分子水平。DNA 是遗传的物质基础，基因是具有特定生物功能的 DNA 序列，DNA 所起的遗传作用与其分子结构密切相关。掌握 DNA 的组成、结构、理化性质及复制过程是 DNA 合成的基础和前提。

一、DNA 的组成

DNA 的基本组成单位是脱氧核糖核苷酸，简称为脱氧核苷酸，一般由 C、H、O、N、P 五种元素组成，其中 P 的含量比较恒定，为 9% ～ 10%。脱氧核苷酸由碱基、磷酸和戊糖组成。

（一）碱基

碱基是一类含氮杂环化合物，分为嘌呤（purine）和嘧啶（pyrimidine）两大类。DNA 分子中四种常规碱基包括腺嘌呤（adenine，A）、鸟嘌呤（guanine，G）、胞嘧啶（cytosine，C）和胸腺嘧啶（thymine，T）（图 2-1）。除此之外，脱氧核糖核酸分子中还含有少量其他碱基，称为稀有碱基（rare base）。稀有碱基的含量虽少，却有着重要的生物学意义。DNA 中的稀有碱基多数为常规碱基的甲基化产物（如 5- 甲基胞嘧啶和 7- 甲基鸟嘌呤）。某些病毒 DNA 含有羟甲基化碱基（如 5- 羟甲基胞嘧啶），具有保护遗传信息和调节基因表达的作用。

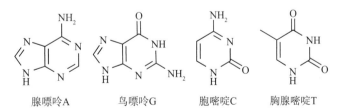

腺嘌呤 A　　　　鸟嘌呤 G　　　　胞嘧啶 C　　　　胸腺嘧啶 T

图 2-1　DNA 分子中四种常规碱基的结构式

碱基的结构特征如下。

1.碱基中都具有类似芳香环的结构，嘌呤环和嘧啶环的结构呈平面或接近于平面。

2.碱基的芳香环与环外基团可以发生酮式 - 烯醇式或胺式 - 亚胺式互变异构，可以引起DNA结构的变化。

四种碱基构成A∶T和G∶C两组碱基对，作为DNA进行复制和遗传信息传递的核心。生物化学家试图合成能够正常参与复制、转录和翻译的人工碱基对。例如，合成了自然界中不存在的X-Y碱基对和相应的氨基酸，成功打破ATCG的束缚创造了包含ATGCXY共6种碱基的全新生命体。化学合成碱基对的出现增加了核苷酸的种类，扩充了遗传信息系统字母表，提高了遗传密码的多样性。它们可以与天然碱基组成新的遗传密码，编码非标准氨基酸，创造更多的蛋白质。

（二）戊糖

DNA中的戊糖为脱氧核糖（图2-2）。区别于含氮碱基中的碳原子，用1′-5′表示脱氧核糖中的碳原子顺序。其中脱氧核糖中的2′位碳原子连接的不是羟基而是氢，为β-D-2-脱氧核糖。

（三）脱氧核苷

脱氧核苷（图2-2）由碱基与脱氧核糖通过糖苷键形成。脱氧核糖第一位碳原子（C-1′）上的羟基和嘧啶碱第一位氮原子（N-1），或嘌呤碱第九位氮原子（N-9）连接形成糖苷键（glycosidic bond），进而形成脱氧核苷。

（四）脱氧核苷酸

脱氧核苷酸（图2-2）由脱氧核糖分子第五位碳原子（C-5′）上的羟基与另一分子的磷酸基团，通过脱水缩合形成磷酸酯键，生成物为脱氧核糖核苷一磷酸（deoxyribonucleoside monophosphate，dNMP）。脱氧核糖核苷一磷酸的磷酸分子与另一个磷酸分子以酸酐的方式缩合成脱氧核糖核苷二磷酸（deoxyribonucleoside diphosphate，dNDP），再结合一分子磷酸生成脱氧核糖核苷三磷酸（deoxyribonucleoside triphosphate，dNTP）。

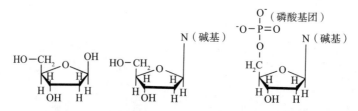

图2-2　脱氧核糖、脱氧核苷及脱氧核苷酸结构式

二、DNA的结构

DNA的结构分为一级结构、二级结构、三级结构以及四级结构。DNA的一级结

构是DNA分子中多个脱氧核苷酸的排列顺序，即四种碱基的排列顺序。DNA的二级结构是两条脱氧多核苷酸链反向平行盘绕所生成的双螺旋结构。DNA的三级结构是DNA在双螺旋结构基础上进一步扭曲盘绕所形成的特定空间构象，也称为超螺旋结构。DNA的四级结构是真核生物DNA高度有序和高度致密的结构。

特定序列的DNA能形成三股螺旋和四股螺旋，受拓扑结构的束缚，DNA能产生超螺旋，可看作三级结构，DNA与蛋白质的复合物可看作四级结构。

（一）DNA的一级结构

DNA的一级结构是四种脱氧核苷酸通过磷酸二酯键连接形成的长链高分子多聚体。脱氧核苷酸的3′-羟基与下一个脱氧核苷酸的5′-磷酸基脱水形成3′,5′-磷酸二酯键，继续连接形成多聚体。第一个脱氧核苷酸的5′-磷酸与最末脱氧核苷酸的3′-羟基未参与3′,5′-磷酸二酯键的形成，分别称为5′-磷酸端（或5′端）和3′-羟基端（或3′端）。DNA中的脱氧核苷酸彼此之间的差别仅限于碱基部分，因此DNA的一级结构也是其碱基的排列顺序及连接方式，即DNA序列。

（二）DNA的二级结构

DNA的二级结构指双螺旋结构（double helix structure）。

1. Chargaff规则　20世纪中期，科学家们发现DNA可以在不同菌种间进行传递转移，使遗传信息从一个菌种转移到另一个菌种，证明DNA是遗传信息的载体。1950年，E.Chargaff等采用层析和紫外分光光度技术解析DNA分子的碱基成分，提出了DNA分子中4种碱基的Chargaff规则：

（1）在所有双链DNA中，腺嘌呤与胸腺嘧啶的含量相同，鸟嘌呤与胞嘧啶的含量相同，因此嘌呤碱基总数与嘧啶碱基总数相等（A＋G＝C＋T）。

（2）不同生物种属的DNA碱基组成不同，具有种属特异性，可用"不对称比率"［（A＋T）/（G＋C）］表示。

（3）同一个体不同器官和不同组织的DNA具有相同的碱基组成。

（4）对于特定组织的DNA，其碱基组分不随其年龄、营养状态和环境而变化。

E.Chargaff等发现的碱基组成规律，为DNA双螺旋结构模型的建立提供了重要的依据。

2. 双螺旋结构模型　20世纪50年代早期，罗莎琳德·富兰克林和莫里斯·威尔金斯采用X射线晶体衍射发现DNA分子中有两组重复出现的衍射点，一组距离是0.34 nm，另一组距离是3.4 nm，推断DNA分子是单螺旋结构。詹姆斯·沃森和弗朗西斯·克里克在X-衍射图片中观察到中央十字架的图案，意识到DNA分子很可能是双链结构。他们把脱氧核糖和碱基间隔排列形成骨架，让碱基两两相连夹于双螺旋之间。沃森和克里克受Chargaff规则的启发，于1953年正式提出DNA的二级结构模型：右手双螺旋结构模型（图2-3）。

双螺旋结构模型特点：

（1）DNA分子由两条反向平行、右手螺旋的多聚核苷酸链围绕一个轴心盘旋而成，呈反平行走向，一条走向是5′→3′，另一条是3′→5′。

（2）磷酸基团与脱氧核糖通过3′，5′-磷酸二酯键交替连接，形成位于外侧亲水性的DNA分子骨架，嘌呤与嘧啶碱基堆积于双螺旋的内侧。脱氧核糖呋喃型糖环平面与双螺旋的纵轴平行，碱基平面与纵轴垂直。

（3）两条DNA链通过碱基间的氢键结合在一起。由于碱基结构特征，嘌呤与嘧啶间能够发生配对，即A与T配对，形成2个氢键，G与C配对，形成3个氢键（图2-4）。G与C碱基对相较于A与T碱基对更加稳定。

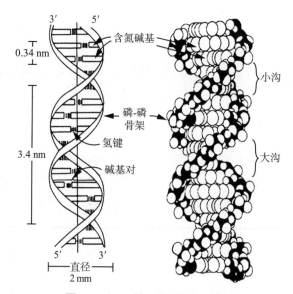

图2-3　DNA的双螺旋结构模型

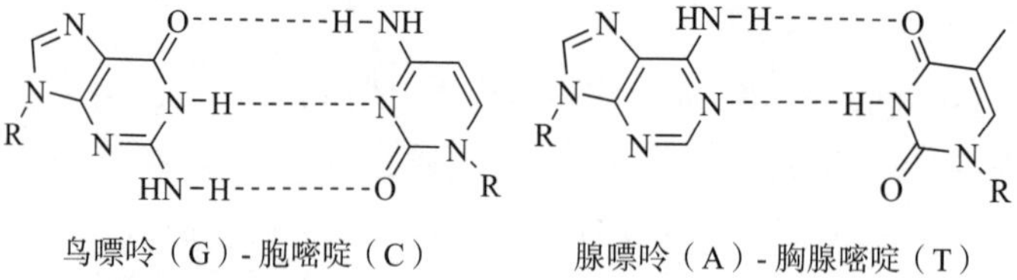

鸟嘌呤（G）-胞嘧啶（C）　　　　腺嘌呤（A）-胸腺嘧啶（T）

图2-4　DNA中碱基的配对形式

（4）DNA双螺旋的直径约为2 nm。碱基堆积距离即单链上两个相邻碱基间的距离为0.34 nm，螺旋旋转一圈包含10对碱基，螺距为3.4 nm。两条链偏向一侧形成两个凹槽，较深的称为大沟（宽约1.2 nm，深约0.85 nm），较浅的称为小沟（宽约0.6 nm，深约0.75 nm）。

（5）DNA双螺旋结构的稳定依靠两种作用力：碱基互补配对形成的氢键作用力和碱基堆积作用。氢键作用力是碱基对之间在水平方向上的相互作用，碱基堆积力是碱基对之间在垂直方向上的相互作用。碱基堆积力是维持DNA二级结构的主要作用力。

3. DNA双螺旋结构的多样性 沃森和克里克提出的DNA双螺旋结构为B型DNA，是含水量较高情况下DNA的钠盐结构，代表DNA在细胞生理条件下最稳定的构象。DNA分子还存在其他构象，如A型构象和Z型构象（图2-5）。

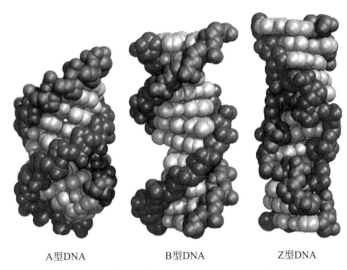

A型DNA   B型DNA   Z型DNA

图2-5 DNA的三种构型：A-DNA、B-DNA和Z-DNA

A型构象通常在含水量较低的情况下存在，为右手螺旋，但螺旋体较宽。螺旋一圈包含11对碱基，碱基平面与螺旋纵轴有约20°的偏角，使A型构象呈现大沟较深、小沟较浅的特点。

Z型构象为左手螺旋，富含GCGCGC的DNA序列能以Z型构象存在，常在DNA被复制成RNA（用作制造蛋白质指令的信使）的位置形成。DNA需要解缠绕，在负超螺旋解链过程中形成Z型构象。Z型构象的结构特点为：

（1）糖磷骨架呈"之"字形（zigzag）走向。

（2）两条多核苷酸链缠绕成左手螺旋。

（3）G的糖苷键呈顺式（*syn*），使G残基位于分子表面。

（4）分子外形呈波形。

（5）大沟消失，小沟窄而深。

4. DNA双螺旋结构的不均一性 在DNA的一级结构中，A、T、C、G四种碱基并非均匀分布。双螺旋的构型大体相同，但DNA链各处的物理结构和双螺旋的稳定性有所区别，体现DNA一级结构决定高级结构的原理。其不均一性的特点有：

（1）反向重复序列（inverted repeat）：反向重复序列又称回文序列（palindrome），能在DNA中形成发夹结构。回文结构具有调节基因表达的作用，还可以作为限制性内切酶和终止转录的识别位点。

（2）富含A/T的序列：在高等生物中，A＋T与G＋C的含量几乎相等，然而在染色体具有调节功能的DNA区段A-T含量相当高，特别体现在原核生物复制起点和启动子的Pribnow框（真核生物为TATA框）序列中。A-T碱基对之间只有二条氢键，较G-C碱基对更易解开，更有利于起始复合物的形成。

（3）嘌呤和嘧啶的排列顺序对双螺旋结构稳定性的影响：通过分析10种相邻的二核苷酸对，发现碱基组成相同，嘌呤和嘧啶排列顺序不同的双螺旋，稳定性具有显著的差异。例如，5′-GC-3′的稳定性比5′-CG-3′大得多，它们的氢键数目相同，但由于嘌呤环和嘧啶环重叠面积不同，相邻碱基间的堆积力不同，从嘌呤到嘧啶方向的堆积力大于同样组成的嘧啶到嘌呤方向的堆积力。

（三）DNA的三级结构

DNA的三级结构是DNA分子在二级结构的基础上，进一步扭曲折叠形成致密、高度有序的结构，如超螺旋结构。

超螺旋结构（superhelix structure）是DNA三级结构的一种形式（图2-6）。DNA双螺旋每10个核苷酸旋转一圈，处于能量最低的状态。这种正常的双螺旋DNA额外多转或少转几圈，会使双螺旋存在额外的张力。如果双螺旋的末端是开放的，这种张力可以通过链的转动而释放，使DNA恢复正常的双螺旋状态。在共价闭合环状DNA分子进一步旋曲后，不能自由转动，额外的张力不能释放，形成DNA超螺旋结构。超螺旋结构有两种：当DNA分子沿轴扭转的方向与双螺旋的方向相反时，造成双螺旋的欠旋形成正超螺旋；方向相同时形成负超螺旋。正超螺旋使双螺旋结构更紧密，双螺旋圈数增加；负超螺旋使双螺旋结构更疏松，双螺旋圈数减少。生物体内一般以负超螺旋结构存在。

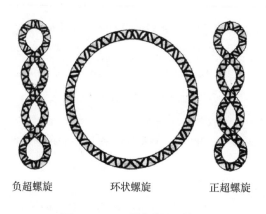

负超螺旋　　　　环状螺旋　　　　正超螺旋

图2-6　DNA的超螺旋结构

三、DNA的理化性质

（一）DNA的酸碱性质

DNA分子中同时含有酸性的磷酸基和碱性的含氮碱基，是两性化合物。磷酸基酸性较强，DNA通常表现为酸性。DNA的等电点（PI）较低，可与金属离子成盐。

（二）DNA 的溶解性与黏度

DNA 微溶于水，不溶于乙醇、乙醚、氯仿等有机溶剂，可溶于高浓度（1～2 mol/L）氯化钠溶液。

DNA 是高分子化合物，溶液黏度大。DNA 被加热或在其他因素作用下，其螺旋结构转为无规则线团结构，溶液黏度大大降低。

（三）DNA 的紫外吸收

DNA 具有吸收紫外光的性质，最大吸收峰在波长 260 nm 处（图 2-7）。

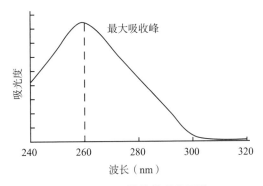

图 2-7　DNA 的紫外吸收图谱

1 μg/ml 仅含单一种类 DNA 的标准样品 A_{260} = 0.02。当 A_{260} = 1 时，双链 DNA 含量为 50 μg/ml；单链 DNA 与 RNA 含量为 40 μg/ml；寡聚核苷酸的含量为 30 μg/ml。

通常纯净 DNA 的 A_{260}/A_{280} 值约为 1.8。大于 1.8 表明样品中 RNA 污染严重，小于 1.6 表明有蛋白质或苯酚污染。

（四）DNA 的变性、复性

1. DNA 变性　DNA 变性（DNA denaturation）指 DNA 分子由稳定的双螺旋结构松解为无规则的线性结构。变性时维持双螺旋稳定性的氢键断裂，碱基堆积力破坏，但不改变一级结构。凡能破坏双螺旋稳定性的因素，如加热、极端 pH、有机试剂（甲醇、乙醇、尿素及甲酰胺等）均可引起 DNA 变性。变性 DNA 的性质发生如下改变：

（1）溶液黏度降低：DNA 双螺旋是紧密的刚性结构，变性后呈柔软松散的无规则单股线性结构，DNA 黏度明显下降。

（2）溶液旋光性发生改变：由变性后 DNA 分子的对称性及分子局部构象改变造成。

（3）增色效应（hyperchromic effect）：变性时 DNA 双螺旋解开，位于双螺旋内侧的碱基外露，碱基中电子相互吸引加强紫外吸收，产生增色效应。

2. 熔解温度　对双链 DNA 进行加热，当升高到一定温度时，DNA 溶液在 260 nm 处的吸光度上升至最高值，随后吸光度不随温度升高而明显变化，说明温度超过 T_m 值，DNA 已经变性。在 DNA 加热变性过程中，紫外光吸收值达到最大吸收值 50%

时的温度称为DNA的解链温度。这一现象与结晶的熔解类似，又称熔解温度（T_m，melting temperature）。当温度达到熔解温度时，DNA分子内50%的双螺旋结构被破坏。特定DNA分子的T_m值与G＋C占总碱基数的百分比呈正相关，可表示为

$$T_m = 69.3 + 0.41 \times (G + C)\%$$

T_m值与DNA长度有关，DNA链越长，T_m值越大。另外，当溶液的离子强度较低时，T_m值较低，熔解温度范围较宽；离子强度较高时，T_m值较高，熔解温度范围较窄。

3.DNA复性　DNA复性（DNA renaturation）是变性DNA在适当条件下，两条互补链部分或全部恢复到天然双螺旋结构的现象，是DNA变性的逆转过程。变性DNA经缓慢冷却后可复性，称为退火（annealing）。影响DNA复性的因素有：

（1）温度和时间：一般认为比T_m值低25℃的温度是复性的最佳条件，与复性温度相差越大，复性速度越慢。复性时温度必须缓慢下降，降温时间短及温差大均不利于复性，例如在超过T_m值的温度下迅速冷却至低温（如4℃以下），达不到复性效果，在大量DNA实验中经常以此方式保持DNA的变性状态。

（2）DNA浓度：单位体积溶液中DNA分子越多，相互碰撞结合的概率越大。

（3）DNA的复杂性：简单的DNA分子，如多聚A和多聚U两种单链序列复性时，互补碱基的配对较易实现。复杂的DNA分子要实现复性则更加困难。

四、DNA的生物合成

生物体成长发育和繁衍后代所需要的遗传信息都存在于DNA分子中，DNA是遗传信息的载体。DNA合成时，决定其结构特异性的遗传信息只来自于自身，因此必须由原来的DNA分子作为亲代模板合成新的子代DNA分子。DNA的两条双链反向平行，复制时两条DNA链解开，一条是5′到3′方向，另一条是3′到5′方向，但复制时所需要的酶及蛋白的识别方向为5′到3′，因此两条新的DNA链的合成方向都是5′到3′。DNA复制是保持生物界中遗传性状稳定性的基本分子机制，保证了遗传信息准确地传给后代。

（一）DNA的复制方式

1.半保留复制　DNA复制过程均以半保留方式进行，在复制过程中DNA链间氢键首先断裂，双链解开，再以每一条链为模板，按照碱基互补配对原则，由DNA聚合酶催化合成新的互补链。复制完成后，子代DNA分子与亲代DNA分子序列相同，双链一条来自亲代，另一条为新合成的链，称为半保留复制。

半保留复制的假说是Watson和Crick在阐明DNA双螺旋结构的基础上，于1953年提出，但随后一直缺少令人信服的实验依据。1958年，Meselson和Stahl通过"密度转移"的实验（图2-8），利用重同位素^{15}N标记 *E. coli* DNA，通过实验证明了半保留复制。实

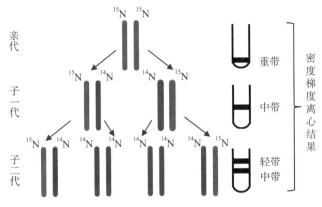

图2-8 "密度转移"实验原理

验证明，原DNA分子被分成两个亚单位，分别构成子代的一半。DNA半保留复制证明了其在代谢上的稳定性，经过多代复制的DNA可以保持完整，稳定地存在于后代中。

2.半不连续复制 1968年冈崎用^{3}H-脱氧核苷酸作为原料，研究T4噬菌体感染的 *E. coli* DNA合成。通过碱性密度梯度离心发现，首先合成较短的DNA片段，之后出现较大的片段。冈崎认为，DNA合成至少在一条链上以不连续的方式进行。复制叉向前移动，留下两条单链作为模板合成新的子链。合成方向与复制叉前进方向一致的子链称为前导链（leading strand），原则上前导链的合成是连续的；与前导链方向相反的子链称为后随链（lagging strand）。随着复制叉的推移，后随链先合成小的DNA片段，称为冈崎片段（图2-9）。在原核细胞中，冈崎片段的

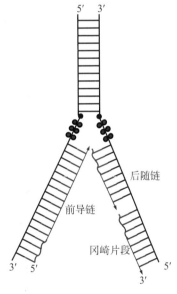

图2-9 DNA的半不连续复制

大小为1000～2000个核苷酸，在真核细胞中，冈崎片段的大小为100～200个核苷酸。

从DNA半不连续复制的机制可以看出，无论是前导链还是后随链，新的DNA链或DNA片段合成方向都是5'→3'。从微观上看，后随链DNA片段合成的方向与复制叉前进的方向相反，从宏观上看，以后随链为模板合成整个DNA链的延伸方向与复制叉前进的方向一致。

（二）DNA复制所需要的酶及蛋白

DNA复制需要一系列酶和蛋白的参与，可分为起始、延长和终止三个阶段。按照功能可以将酶和蛋白分成三类：第一类是在复制中能够影响DNA结构的酶，如拓扑异构酶和解旋酶等。第二类是参与DNA合成的酶，如DNA引发酶、DNA聚合酶

和DNA连接酶等。第三类是没有酶活性的辅助蛋白因子，如单链结合蛋白（single strand DNA-binding protein，SSB）、DNA聚合酶辅助蛋白因子等。

1.拓扑异构酶（topoisomerase） 拓扑异构酶又称DNA旋转酶，能够消除DNA的超螺旋。根据其作用于DNA的方式，可将其分为拓扑异构酶 I 和拓扑异构酶 II 两类。

拓扑异构酶 I 能与磷酸基团共价连接，破坏DNA中的磷酸二酯键，使DNA单链产生瞬间缺口，使两边的DNA能够自由旋转，解除DNA链的正超螺旋，此反应无须供给能量。磷酸二酯键的能量储存在拓扑异构酶与磷酸基团的连接键中，当它从连接键释放时，储存的能量使切开的磷酸二酯键重新连接，使DNA螺旋和拓扑异构酶再生（图2-10）。

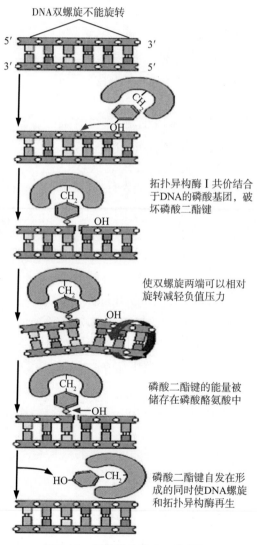

图2-10 拓扑异构酶 I 工作原理

拓扑异构酶 II 由 A、B 两个亚基组成。B 亚基带有 ATP 水解酶，具有水解 ATP 的能力。拓扑异构酶 II 通常作用在染色体两条双链 DNA 交叉位点上，利用 ATP 水解提供能量使 DNA 的两条链发生断裂和再连接。

2. 解旋酶（DNA helicase）　DNA 在复制时，首先由解旋酶将双链 DNA 解旋为单链。当解旋酶与 DNA 单链结合时，利用 ATP 水解产生的能量打开互补碱基间的氢键，以每秒 1000 个碱基对的速度打开双螺旋，促使解旋酶沿 DNA 链前进，随复制叉向前移动，每解开一对碱基需要水解 2 分子 ATP（图 2-11）。

3. 引发酶（DNA primase）　通常引物在复制前需要引发酶催化合成一小段 RNA，引发酶与 DNA 复制起点和双链的解开有关，常与解旋酶等紧密连接形成"引发体"。

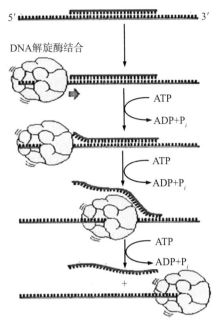

图 2-11　解旋酶工作原理

后随链的合成是不连续的，DNA 引发酶合成 RNA 引物的速度比 DNA 聚合酶合成 DNA 的速度慢。同时，后随链上的 DNA 聚合酶在合成一段冈崎片段后，需要转移到另一个冈崎片段上继续合成，导致合成速度比前导链慢。DNA 引发酶能够限制前导链 DNA 聚合酶的合成速度，保证两条链的同步合成和复制叉的稳定性。

4. DNA 聚合酶（DNA polymerase）　DNA 聚合酶是以 dNTP 为底物，以 DNA 为模板催化 DNA 合成的一类酶。原核细胞和真核细胞 DNA 聚合酶的种类和作用有所不同，但所有 DNA 聚合酶的作用方式基本相同，可用如下方程表示：

$$（dNMP）_n + dNTP =（dNMP）_{n+1} + PPi$$

原核细胞中有 3 种 DNA 聚合酶，都与 DNA 链的延长有关。DNA 聚合酶 I 是单链多肽，能以 DNA 为模板催化合成 DNA，具有 $3' \rightarrow 5'$ 外切酶活性，保证复制的真实性；且具有 $5' \rightarrow 3'$ 外切酶活性，能够修复损伤。DNA 聚合酶 II 和 III 都具有 $3' \rightarrow 5'$ 外切酶活性，没有 $5' \rightarrow 3'$ 外切酶活性。其中 DNA 聚合酶 II 与低分子 DNA 链延长有关，其外切酶活性最高。DNA 聚合酶 III 为多亚基复合体，在细胞中数目较少，主要促进 DNA 链的延长。

真核细胞中主要有五种 DNA 聚合酶（pol α、pol β、pol ε、pol γ、pol δ）。其中，pol α 和 pol δ 主要参与细胞核 DNA 的合成，相当于原核细胞中的 DNA 聚合酶 III。pol α 与引物酶相连，无 $3' \rightarrow 5'$ 核酸外切酶活性，pol δ 有 $3' \rightarrow 5'$ 核酸外切酶活性。pol γ 主要参与线粒体 DNA 的复制。pol β 和 pol ε 主要参与 DNA 复制时的损伤修复。

5. DNA连接酶（DNA-ligase） DNA连接酶可以催化一条DNA链的5′-P与另一条DNA链的3′-OH形成磷酸二酯键。这两条链必须与同一条互补链结合，且相互邻近。连接酶催化是DNA复制的最后步骤，反应过程需要能量。*E. coli*和其他细菌的DNA连接酶以烟酰胺腺嘌呤二核苷酸（NAD）为能量，动物细胞和噬菌体的连接酶以ATP为能量。

6. 单链结合蛋白（SSB） 单链结合蛋白能够稳定单链DNA，阻止DNA的复性并保护单链不被核酸酶降解。SSB不具有酶的活性，不需要ATP提供能量，与DNA的结合没有序列专一性。SSB对已变性的DNA具有强烈的亲和力，能与单链DNA紧密结合（图2-12）。DNA合成后，SSB被置换出来，离开双链DNA分子。

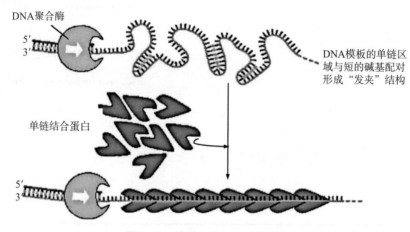

图2-12 单链结合蛋白工作原理

（三）DNA的复制过程

1. 复制的起始 DNA的复制以DNA链与起始蛋白结合并解开双链DNA为起点。DNA复制不是随机的过程，是从DNA分子上一个或多个特定的位点开始的，称为复制起始位点（origin of replication），常用ori表示。原核生物DNA只有一个复制起点，整个复制过程从复制起点进行到复制终点，只有一个复制单位（也称复制子，replicon）。真核生物的DNA复制是从多个位点开始的，具有多个复制单位。

大肠杆菌DNA复制需要细胞增长到一定大小，并合成所需蛋白。其DNA是由$4.6×10^6$个碱基对组成的环状DNA分子，只有一个复制起点，并富含A-T的专一序列。复制开始，专一序列被蛋白DnaA识别，解开双链DNA。随后，DnaB和DnaC二蛋白复合体与DnaA蛋白结合形成引发复合体（prepriming complex），DnaC在复合体形成不久后会被释放。DnaB是一种解旋酶，使单链区域快速扩大，从而结合参与DNA复制延伸的酶，使双链向两个方向解旋，称为单起点双向复制（图2-13）。复制叉开始形成，标志DNA复制起始阶段的结束。

一些低等生物非染色质DNA（如质粒染色质DNA）的复制主要采取滚环复制的方式（图2-14）。环状DNA双链的一股首先打开一个缺口，由5′端向外延展，在延展出的

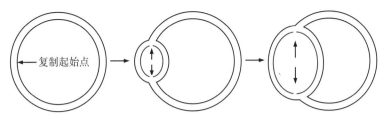

图2-13 大肠杆菌DNA的双向复制示意图

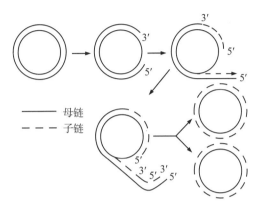

—— 母链
---- 子链

图2-14 DNA滚环复制示意图

单链上进行不连续复制，没有打开的另一股一边滚动一边进行连续复制。开环与不开环的两股链均可直接作为模板，不需要另合成引物。高等真核生物的复制起始过程相对于低等生物复杂，真核细胞DNA大多为线性分子，长度较长，复制时具有多个起始位点。

2.复制的延伸 DNA复制的起始和延伸是连续的过程（图2-15）。在DNA聚合酶Ⅲ（真核为pol α酶）的催化下，根据模板链3′→5′的核苷酸顺序，在RNA引物3′-OH末端逐个添加dNTP。每形成一个磷酸二酯键，释放一个焦磷酸，直至合成整个前导链或冈崎片段。

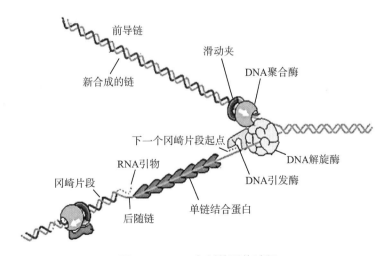

图2-15 DNA复制的延伸过程

在延伸阶段，需要延伸因子、ATP及其他蛋白的参与。前导链合成1000～2000核苷酸后，后随链的第一轮复制才能开始。DNA合成结束后，RNA酶降解清除冈崎片段的RNA引物，DNA聚合酶补齐缺口，DNA连接酶通过磷酸二酯键连接成为连续的DNA链。

3.复制的终止　环状染色体的两个复制叉向前移动，在终止区域相遇并停止复制，该区含有多个约22 bp的终止子。大肠杆菌通过终止序列调节该过程，利用Tus蛋白识别并结合终止序列，终止DNA的复制（图2-16）。DNA复制的起点是固定和严格的，但终点并不唯一，复制叉总是在染色体的终止区域内相遇来终止复制过程。新生DNA分子需要在旋转酶的作用下形成具有空间结构的DNA，是边复制边螺旋化的过程。复制完成时，两个环状染色体相互接触，成为连锁体。

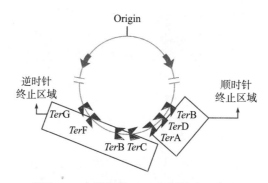

图2-16　大肠杆菌DNA复制终止示意图

真核生物DNA从多个位点开始复制，复制叉在染色体的多个位点相遇并终止。真核生物是线性染色体，DNA复制无法到达染色体的最末端，末端DNA在每个复制周期中都会丢失。端粒是接近末端像帽子一样的特殊结构，含有特定的DNA重复序列，能够防止因此造成的基因丢失。细胞每经过一次分裂，染色体复制一次，丢失50～100 bp碱基，端粒会慢慢缩短，当缩短到一定程度（5～7 kb）时，细胞将无法继续分裂，并在形态功能上表现出衰老，最后凋亡。不同物种间端粒的DNA序列有所不同。

端粒酶是一种核糖核蛋白，是含有RNA链的逆转录酶，能以所含RNA为模板合成DNA的端粒结构。端粒酶就像"修复工"，能及时将磨损的端粒修好，让它恢复原长。端粒酶在正常体细胞中非常少，只存在于造血细胞、干细胞和生殖细胞中。端粒酶在保持端粒稳定、基因组完整、细胞长期的活性和潜在的继续增殖能力等方面有重要作用。

参 考 文 献

[1] 董晓燕. 2015. 生物化学（第2版）. 北京：高等教育出版社.

[2] 李冠一. 2007. 核酸生物化学. 北京：科学出版社.

［3］王镜岩. 2002. 生物化学. 北京：高等教育出版社.

［4］修志龙. 2008. 生物化学. 北京：化学工业出版社.

［5］Albert B，Johnson A. 2002. Molecular biology of the cell. New York：Garland Science.

［6］Arezi B，Kuchta R D. 2000. Eukaryotic DNA primase. Trends in Biochemical Sciences，25（11）：572-576.

［7］Berger J M，Fass D，Wang J C，et al. 1998. Structural similarities between topoisomerases that cleave one or both DNA strands. Proceedings of the National Academy of Sciences of the United States of America，95（14）：7876-7881.

［8］Dabkowska I，Gutowski M，Rak J. 2015. Stabilization energies of the hydrogen-bonded and stacked structures of nucleic acid base pairs in the crystal geometries of CG，AT，and AC DNA steps and in the NMR geometry of the 5′-d（GCGAAGC）-3′ hairpin：complete basis set calculations at the MP2 and CCSD（T）levels. Journal of Physical Chemistry A，109（6）：1131-1136.

［9］Ho P S，Mooers B H M. 1997. Z-DNA crystallography. Biopolymers，44（1）：65-90.

［10］Malyshev D A，Dhami K，Lavergne T，et al. 2014. A semi-synthetic organism with an expanded genetic alphabet. Nature，509（7500）：385-388.

［11］Meselson M，Stahl F W. 1958. The replication of DNA in *Escherichia coli*. Proceedings of the National Academy of Sciences of the United States of America，44（7）：671-682.

［12］Okazaki R，Okazaki T，Sakabe K，et al. 1968. Mechanism of DNA chain growth. I . Possible discontinuity and unusual secondary structure of newly synthesized chains. Proceedings of the National Academy of Sciences of the United States of America，59（2）：598-605.

［13］Redinbo M R，Stewart L，Champoux J J，et al. 1999. Structural flexibility in human topoisomerase i revealed in multiple non-isomorphous crystal structures. Journal of Molecular Biology，292（3）：685-696.

［14］Shakked Z. 1991. The influence of the environment on DNA structures determined by X-ray crystallography. Current Opinion in Structural Biology，1（3）：446-451.

［15］Sinnokrot M O，Sherrill C D. 2006. High-accuracy quantum mechanical studies of π-π interactions in benzene dimers. Journal of Physical Chemistry A，110（37）：10656-10668.

［16］Sugimoto K，Okazaki T，Okazaki R. 1968. Mechanism of DNA chain growth. II . Accumulation of newly synthesized short chains in *Escherichia coli* infected with ligage-defective T_4 phages. Proceedings of the National Academy of Sciences of the United States of America，60（4）：2123-2133.

［17］Watson J D，Crick F H C. 1953. A Structure for deoxyribose nucleic acid. Nature，172：737-738.

［18］Xie P. 2006. Model for helicase transl ocating along single-stranded DNA and unwinding double-stranded DNA. Biochimica et Biophysica Acta，1764（11）：1719-1729.

［19］Zhang Y，Ptacin J L，Fischer E C，et al. 2017. A semi-synthetic organism that stores and retrieves increased genetic information. Nature，551（7682）：644-647.

第3章

DNA化学合成技术

DNA从头合成（de novo DNA synthesis）是以寡核苷酸链为起始合成DNA片段的技术。体外DNA合成技术可以突破传统克隆技术的局限，实现从头合成、按需合成和生物大分子的定向改造，如天然基因的异源表达、疫苗减活蛋白类药物优化、人工合成细胞工厂、人造生命体等，是合成生物学最基础、最重要的工具。

1955年，英国剑桥大学Todd实验室采用化学合成法合成了具有天然DNA 3′-5′磷酸二酯键结构的寡聚二核苷酸，拉开了DNA化学合成的序幕。自那时起，研究人员开始不断地对DNA化学合成技术进行改良和完善。

一、DNA化学合成的发展历程

通过形成3′-5′磷酸二酯键实现核苷酸的定向连接是人工合成DNA的关键。合成DNA的中间体可以是磷酸二酯、磷酸三酯或者亚磷酸三酯。主要的反应方法分为三种，分别是以生成上述三种中间体为标志的磷酸二酯法、磷酸三酯法和亚磷酸三酯法。

1955年，英国剑桥大学Todd实验室首次采用磷酸二酯法实现了二核苷酸的合成。利用此方法合成的DNA链最长可达到20个脱氧核苷酸。但中间产物的磷酸基团上有一个未被保护的-OH，导致多种副反应发生，使产率随链长的增加而急剧下降。即使加入过量的磷酸组分，也只能部分改善产率。另外，由于二酯法在合成过程中形成了带保护基的中间产物，这些产物通常只能用DEAE-纤维素或DEAE-葡聚糖凝胶进行分离纯化，其操作过程及产物鉴定相当复杂。

20世纪60年代末，Letsinger、Reese等相继对磷酸二酯法进行进一步研究，发明了磷酸三酯法。磷酸三酯法吸取了磷酸二酯法中对羟基和氨基进行保护的方法，并主要进行了以下三方面的改进：

1.采用了易于引入和脱除的邻-氯苯基或对-氯苯基来保护核苷间磷酸基团的-OH。

2.采用了一系列副反应较少的高效缩合剂。其中活性最强的是2,4,6-三甲基苯磺酰硝基三唑（MSNT）和2,4,6-三异丙基苯磺酰基四唑（TPSTe）。缩合反应时间缩减到30分钟左右，并且一般只需使用略微过量的磷酸组分就能得到很高的产率。

3.核苷间磷酸被保护后极性下降，使产物可以用氯仿/$NaHCO_3$水溶液作为溶剂进行萃取，并用快速的硅胶短柱层析法进行分离纯化，从而大大提高了合成速度。

改进后的磷酸三酯法与二酯法相比，具有副反应少、偶联产率高、反应快、分离纯化简便、操作周期较短等优点。这些优点使三酯法适用于固相合成，为 DNA 的自动化合成创造了条件。

20 世纪 70 年代中期，Letsinger、Caruthers 等对保护基团进行改进，发展了亚磷酸三酯法。亚磷酸三酯法最突出的优点有两点：①产率高，几乎接近定量产率；②速度快，缩合和氧化两步仅需 10 分钟左右。这两点正是固相合成过程所需要的条件，所以很快就被发展成固相亚磷酸三酯法。

20 世纪 80 年代，Beaucage 和 Caruthers 开发了基于亚磷酰胺的 DNA 合成方法——固相亚磷酸三酯法，该方法又被称为 DNA 柱法合成。与液相合成反应相比，固相合成反应在简单的反应器皿中便可进行，避免了人工操作过程（如物料转移）造成的损失，简化并加速了多步骤的合成过程。DNA 柱法合成是目前寡核苷酸自动化生产采用的主要方法。

近年来 DNA 芯片合成技术发展迅速，具有高通量、合成成本低、检测快速灵敏、信息载量大等优势。DNA 芯片合成作为使能技术，在基因组装、基因测序、基因诊断、酶工程及工程菌等多个领域应用广泛。

二、DNA 柱法合成

（一）合成

脱氧核糖核苷酸是含有多个官能团的化合物，为了确保形成具有特定顺序的 3'-5' 磷酸二酯键，需要先将不参与反应的活性基团暂时保护起来（表 3-1）。脱氧核糖的 5'-OH 被二甲氧基三苯甲基（DMT）保护，3' 端磷酸基团的 -OH 用 β- 氰乙基（Ce）保护起来。此外，带有伯氨基的碱基（如腺嘌呤 A、鸟嘌呤 G 和胞嘧啶 C）也必须用苯

表 3-1　几种常用保护基的结构与性质

结构	缩写	保护位置	脱除条件
	DMT	5'-OH	三氯乙酸（TCA）或二氯乙酸（DCA）的二氯甲烷或甲苯溶液
	Bz	A 和 C 的氨基	氨解
$(CH_3)_2CH-\overset{O}{\overset{\|}{C}}-$	Ib	G 的氨基	氨解
$NCCH_2CH_2-$	Ce	磷酸的 P-OH	氨解

甲酰基（B_Z）或异丁酰基（Ib）加以保护。

核糖核苷比脱氧核糖核苷的2′位多出一个活泼的羟基。2′-OH和3′-OH反应活性相似，增加了特定官能团加保护和脱保护的困难程度。因此，RNA合成增加了对2′-OH的选择性保护。RNA合成的其他步骤与DNA合成基本一致。

DNA合成由目标产物的3′端向5′端进行。初始脱氧核糖核苷酸的3′-OH通过长的烷基臂与固相载体多孔玻璃珠（CPG）共价连接（图3-1）。具体合成过程由4步循环组成，分别是去保护、偶联、加帽和氧化（图3-2）。

1. 去保护　将预先连接在固相载体上带有保护基的末端核苷酸，用二氯乙酸或三氯乙酸溶液处理，脱去DNA脱氧核糖环5′-OH的保护基团DMT，游离出5′-OH。

2. 偶联反应　合成DNA的原料（亚磷酰胺保护的核苷酸单体）与活化剂四唑混合，得到反应活性很高的核苷亚磷酸活化中间体。活化中间体与末端核苷酸上游离的5′-OH发生偶联反应，迅速形成亚磷酸三酯键。

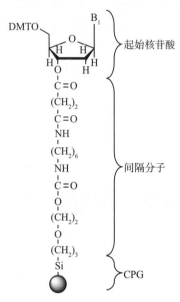

图3-1　DNA化学合成的起始复合物

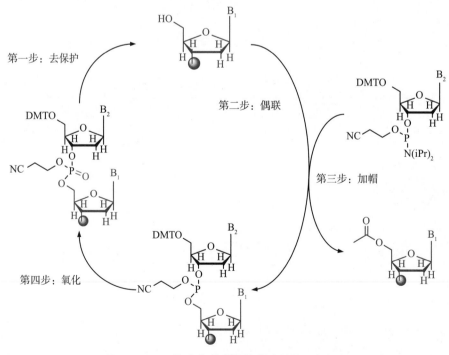

图3-2　DNA柱法合成寡聚核苷酸链的4步反应

3.加帽反应　偶联反应中可能有极少数（小于2%）的5′-OH没有参加反应。将未反应的5′-OH乙酰化使得其所在的寡核苷酸链无法继续延长。这种短片段在纯化时能够被分离去除，有利于减少合成错误，合成全长的DNA片段。

4.氧化反应　新生成的3′,5′-亚磷酸三酯键很不稳定，在酸性或碱性条件下容易发生断裂，所以在反应中需要利用碘液将三价亚磷酸三酯键氧化为稳定的五价磷酸三酯键。

以上四个步骤每循环一次，核苷酸链向5′-OH方向延伸一个核苷酸，直至特定序列长度的DNA合成完全为止。每延长一个核苷酸约需要10分钟。延长的核苷酸链始终固定在固相载体上，过量的反应试剂或中间产物通过溶剂冲洗除去。

（二）切割和脱保护

当合成链达到预定长度后，将其从固相载体上切割下来，脱去保护基，再经过分离纯化，得到所需要的产物（图3-3）。

1.切割　新鲜的浓氨水能将寡核苷酸从载体上切割下来。该过程的切割位点在起始核苷3′端碱不稳定的酯键上，所以切下的DNA含有一个3′-OH。

2.磷酸酯脱保护　使用氨水处理可以在切割的同时除掉β-氰乙基保护基。

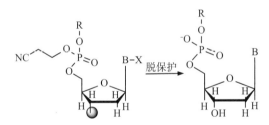

图3-3　寡核苷酸的切割与脱保护

3.碱基脱保护　氨作为亲核试剂进攻酰胺保护基中的羰基，使碱基脱保护。

（三）后处理

1.分析纯化　反应完成后的主要杂质包括合成过程中产生的非目标序列、切割和脱保护过程中剩余的氨、反应生成的盐、丙烯腈等。目前最常用的纯化方式有沉淀法、OPC纯化、PAGE纯化和HPLC纯化。通常根据DNA片段的长度和用途选择不同的纯化方式。

沉淀法指采用乙醇或异丙醇使寡核苷酸从溶液中沉淀出来。这种方法操作简单，对于错误寡核苷酸过滤效果不佳。

如果使用寡核苷酸纯化柱（OPC）进行DNA片段的分离，在合成DNA的最后步骤中需要保留DMT基团。OPC中的吸附剂对DMT具有亲和力。当所有合成产品被吸附在色谱柱上后，用有机溶剂洗脱。不带DMT的片段吸附能力弱，被洗脱，而含有DMT基团的目标片段保留在柱内。最后，利用脱保护步骤将DMT从目标序列上脱除下来，并收集最终的DNA产物。这种方法操作方便，但不能有效去除比目标片段短的小片段，且负载量小。这种方法处理的寡核苷酸纯度大于90%，适用于对纯度要求较低的实验，如普通PCR反应等。

聚丙烯酰胺凝胶电泳（PAGE）是一种常用的寡核苷酸纯化方法。凝胶基质的两端浸在含有电解质溶液的缓冲室内，通过控制电压或电流，使带电的分子通过凝胶基迁移。影响电泳分离的主要因素是电荷和质量，另外，分子形状、亲疏水性、分子大小、凝胶基质的相互作用及一些其他参数也能影响分子的运动速度，从而影响分子的分离。

电泳结束后，要将纯化的主胶带精确切下，所切凝胶带不宜过宽或过窄。过宽易带入杂质，影响寡核苷酸的纯度及其在后续实验中的使用效果。过窄则易丢失目标寡核苷酸，影响回收效率。此外，凝胶带的切碎和洗脱是影响回收效率的一个重要环节。PAGE的优点在于纯化效率高，纯化后的寡核苷酸纯度大于98%。但该方法也存在很多缺点，譬如实验步骤多，不易于实现自动化，电泳及后处理过程中需用紫外灯观察，人工切胶时可能有误差导致样品损失量大，电泳装置的局限导致上样体积小，限制了粗寡核苷酸产品的纯化规模。

高效液相色谱法（HPLC）将寡核苷酸的定量分析与纯化结合起来。高效液相色谱法主要根据分子的亲水性（反相）和电荷（离子交换）方面的差异从含有杂质的样品中分离目标寡核苷酸。样品（溶质）分子与固定在色谱柱内的吸附剂之间的相互作用决定了洗脱的速度和顺序。在洗脱过程中，可以通过改变液体流动相中不同组分的配比来实现梯度洗脱。该方法的优点包括自动化水平高、可定量分离产品、容易回收纯品、分辨率高等。

许多类型的HPLC都可用于寡核苷酸的纯化，其中最主要的两种方法是阴离子交换色谱法（IE-HPLC）和反相色谱法（RP-HPLC）。

IE-HPLC是在既定的pH条件下，根据不同组分的离子电荷情况和等电点的不同，将其分离开来的一种液相色谱技术。DNA分子带负电，而固定相带正电。当产品进入色谱柱后，与固定相树脂形成电荷相互作用。较长的片段由于带有更多的电荷，与树脂的电荷相互作用力更大，流动速度慢。当短片段流出色谱柱时，长片段依然在色谱柱内，最后用洗脱液将目标序列洗脱。

RP-HPLC是一种采用非极性键合固定相，以及极性强于固定相的溶剂系统为流动相的液相色谱分离形式。反相色谱固定相表面键合疏水基团。样品中的不同组分和疏水基团之间疏水作用的强弱不同：极性较强或亲水的样品分子与固定相之间相互作用较弱，容易被洗脱；而极性较弱或疏水的分子与固定相之间有较强的相互作用，保留时间较长。这一方法使得分离过程中带有DMT基团的全长DNA片段容易与不带DMT基团的失败短序列分离。

近年来，研究人员对仪器及固定相介质进行了不断改进，其中，离子配对反相高效液相色谱和超高效液相色谱在分离速度和分辨率方面取得了很大的进步。

随着大型分析仪器日益广泛地使用，已经可以利用质谱仪对寡核苷酸进行定性分析，再配合基于电泳技术和色谱技术的纯化方法，有效地保证了目标寡核苷酸的纯度及精准度。

但上述分离方法不适用于高通量应用。针对这一问题，科学家研究了一种化学计量标准化的寡核苷酸纯化法（stoichiometrically normalizing oligonucleotide purification，SNOP）。该方法可以同时纯化不同长度不同种类的寡核苷酸（图3-4）。目标寡核苷酸链5′端添加前体序列，可与生物素化的特定探针杂交，再用包被链霉亲和素的磁珠捕获。最后利用USER酶切割，得到目标产品。基于对合成误差的观察，他们认为具有完美的5′前体序列的寡聚分子更有可能具有完美的3′目标序列。这种方法在一定程度上提高了纯化的通量和精度，但需要额外合成寡聚物进行杂交，提高了纯化难度和成本。

2.产品定量分装　核酸可通过UV光谱测定最大吸收波长（260 nm）处或其附近的吸光度来定量。吸光度与核酸浓度呈正比。

DNA可以在合适的条件下贮存很长时间。DNA通常以溶液的形式贮存在冰箱里，基质可以是水、缓冲液、盐溶液等。DNA也可以以干燥粉末的形式保存在清洁干燥的试管内。

（四）存在的问题

目前，对于DNA序列的合成需求巨大，其中不仅仅局限于单个基因的合成，对遗传线路、人工代谢路径乃至基因组合成的需求也越来越多。但DNA合成技术还面临着许多问题：

1.合成长度有限。序列长度越长，合成的准确度与产量越低。

合成过程中常见的副反应有：①脱保护不完全或过度脱保护导致碱基缺失和插入碱基错误；②乙酰化不完全导致缺失碱基的寡核苷酸链或分支链的形成；③酸性试剂导致脱嘌呤反应的发生。

有研究表明，合成的寡核苷酸序列中每个位置发生缺失错误的可能性达0.5%，发生插入错误的可能性达0.4%。假设每一个循环的产率达到99%，那么对于200 nt的寡核苷酸来说，理论上只能得到13%的全长产物。

2.合成过程中使用了有毒的有机化学试剂。

3.合成成本过高。

4.合成通量有限。

三、寡核苷酸微阵列原位合成

针对化学合成法中通量有限、成本过高的问题，微阵列技术具有一定优势。近年来，微阵列技术在DNA合成质量和效率的提升、DNA自动化合成等方面取得了很大的进展。

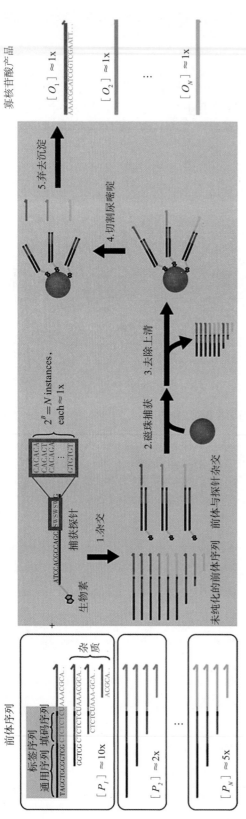

图 3-4 化学计量标准化的寡核苷酸纯化（SNOP）工作流程图

化学合成的寡核苷酸前体（$P_1 \sim P_N$）中含有杂质序列，且浓度不同。生物素化的捕获探针与探针具有正确标签序列的前体杂交，被链霉亲和素包被的磁珠捕获。随后使用 USER 酶混合物在脱氧尿嘧啶（dU）处进行切割，从而将寡核苷酸产品释放到溶液中。捕获探针为限制试剂，不同捕获探针的浓度保持一致，使得所有寡核苷酸产品（$O_1 \sim O_N$）的浓度大致相等

（一）光刻法

1.物理光刻掩模法 首先用试剂对玻璃或硅片进行共价改性，从而提供大量可供寡核苷酸合成的羟烷基位点。这些位点上连接有光不稳定基团修饰的聚氧化乙烯。为了实现光的精准控制，选择性地除去保护基团，引入了光刻掩模（mask）控制光照（图3-5）。光通过有孔的地方照射到芯片表面，使得芯片上对应的分区发生脱保护，参与核苷酸偶联。而未接受光照的区域不发生脱保护反应，保护基团依然连在羟基上，不参与偶联反应。

物理光刻掩模法的化学反应原理与DNA柱法合成类似（图3-6）。用于链延伸的试剂流过芯片表面发生反应后，多余的试剂被冲走。之后，不断重复合成循环，直到完成目标寡核苷酸序列的合成。

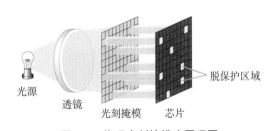

图3-5 物理光刻掩模法原理图

掩膜类似一个过滤器，能够控制紫外光照射在微阵列表面的位置

在物理光刻掩模法中，核苷酸的5′端一般由光不稳定性的MeNPOC基团保护。MeNPOC基团保护的单体在近紫外波长下（365±10）nm照射不到1分钟即可实现脱保护（图3-7），且制备相对便宜。MeNPOC基团光解的速率与核苷酸基团种类及寡核苷酸链的长度无关，因此无需多次修改曝光设定值，有利于核苷酸链的快速合成。

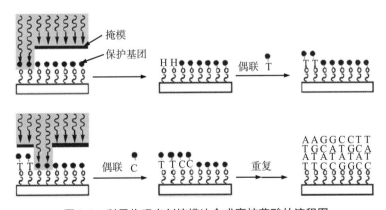

图3-6 利用物理光刻掩模法合成寡核苷酸的流程图

由于每个循环都需要不同的物理掩模，整个系统的成本仍然很高。且寡核苷酸合成过程的效率受光化学脱保护步骤效率的限制，在使用MeNPOC基团保护的情况下，合成效率约为90%。

2.数字光刻法 成本相对较低的数字光刻技术采用了数字微镜设备（digital

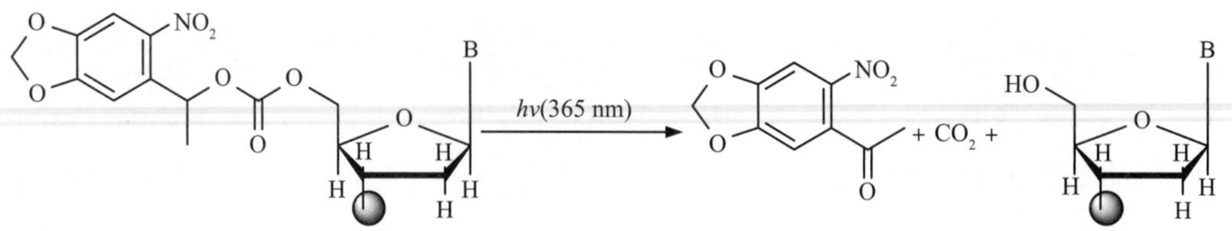

图3-7　MeNPOC基团的脱保护

micromirror device，DMD）来代替物理铬膜。使用计算机程序控制微镜阵列中每一个微镜片反射紫外光的角度，从而将紫外光反射到芯片表面的指定位置（图3-8）。紫外光使寡核苷酸链的5′端发生脱保护，为核苷酸链的延伸提供反应位点。与物理光刻法相比，数字光刻法具有灵活且分辨率高的优点。

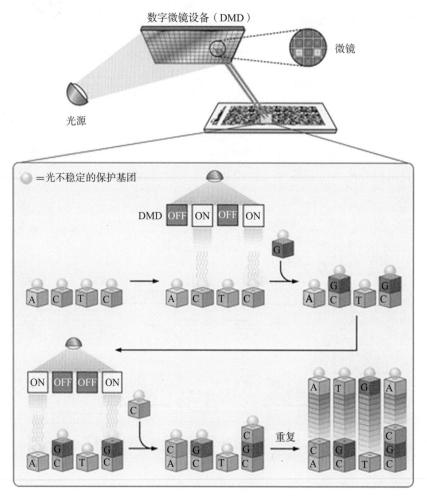

图3-8　微镜阵列合成技术

该技术利用DMD创建虚拟掩模。紫外光从微阵列表面去除了光不稳定的保护基团，从而能在所需的寡核苷酸链上连接核苷酸

光酸合成法将DMD与传统的DMT基团进行了结合。一方面实现了对光路照射的精确控制，另一方面具有利用DMT基团保护核苷酸单体的优势，合成率可达98%，且脱保护速率比普通的光刻法快10倍以上。

反应在微阵列反应池内进行。反应池内的光生酸溶液一般为二芳基碘鎓（PGA-P）和噻吨酮的二氯甲烷溶液。噻吨酮是一种光敏剂。当暴露在紫外光下时，噻吨酮光解产生自由基。碘鎓盐夺取自由基后产生质子酸（氢离子），使得受到光照的微反应池内呈酸性。在这种酸性环境下，DMT基团从核苷酸上解离，释放出5′-OH，实现脱保护（图3-9）。

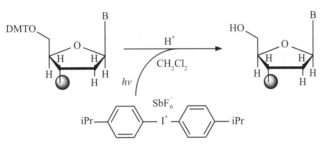

图3-9 光酸合成法的脱保护原理图

（二）电化学阵列技术

局部电化学反应也可应用于DNA合成（图3-10）。电化学反应池顶部是铱或铂制成的微电极阵列，底部是DNA芯片基板。电极和芯片之间填充电解质溶液。

电解质溶液可以是对苯二酚/蒽醌的乙腈溶液（图3-11）。值得注意的是，反应溶液中同时添加了有机碱，以限制氢离子向相邻电极的扩散。在阳极附近，1 mol对

A. 电极及DNA芯片结构

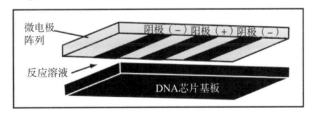

B. 电生酸

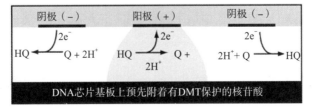

C. 脱保护

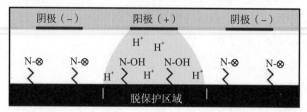

D. 核苷酸的连接

图3-10 电化学阵列上的DNA合成

A.将微电极阵列的交替电极连接为阴极和阳极，并放置在芯片基板附近；B.在芯片和电极阵列之间的电解质溶液中含有氢醌溶液（HQ）和苯醌（Q），阳极氧化氢醌产生酸（阴影区域），并通过阴极消耗苯醌，使氢醌再生；C.向下扩散的酸将与芯片表面的DMT基团（以带圆圈的十字表示）反应，实现脱保护；D.下一个核苷酸连接到脱保护位置上

苯二酚氧化产生2 mol氢离子。此处酸的浓度很高，能有效去除DMT。而在向邻近电极扩散的过程中，酸会与更多的碱发生反应，使酸浓度降低，不能除去DMT，从而限制了脱保护反应区域。在阴极附近，9,10-二蒽醌发生还原反应，生成9,10-二蒽酚。这一反应不会对DMT产生影响。随后更换反应池内的液体，完成核苷酸的偶联。

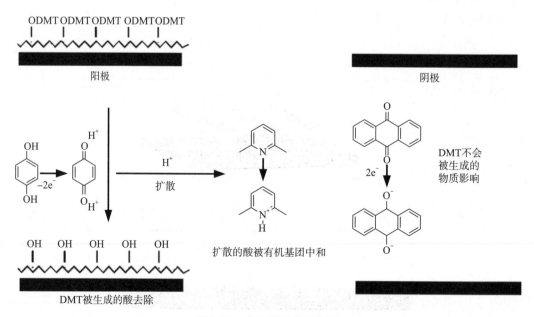

图3-11 电生酸反应原理图

（三）喷墨法

1996年，Blanchard等验证了利用喷墨机制合成寡核苷酸的原理，并用微型压电喷墨泵对合成过程进行演示。喷墨法合成原理与喷墨打印类似，不同的是，芯片喷印头和墨盒有多个，且墨盒中装的是试剂而不是碳粉。喷墨法合成并非在纸上完成，而是将皮升级的反应试剂滴在含有羟基基团的载玻片上。喷印头可在整张芯片上移动，并根据芯片上不同位点探针的序列需要，将特定的碱基喷印在芯片的特定位置，并通过重复印刷延长特定寡核苷酸序列的长度（图3-12）。

图3-12　Agilent喷墨打印示意

A.非接触式的喷墨打印技术将皮升级的核苷酸滴到微阵列表面；B.重复碱基打印的过程可延长特定寡核苷酸的长度；C.寡核苷酸链的特写；D.最终合成的寡核苷酸链

（四）DNA微阵列芯片

DNA芯片（DNA chip）又称DNA微阵列（DNA microarray），几平方厘米的DNA芯片上可以分布多达数十万个核酸探针。DNA芯片是基因组学和遗传学研究的有力工具，具有快速、精确、低成本的生物分析检验能力。

1995年，在美国科学院院士Patrick O.Brown在 *Science* 上发表了基因表达谱芯片的论文后，DNA芯片技术迎来了黄金发展期。DNA芯片技术的出现使得生物学、医学等领域的研究快速发展，是生物学相关领域的一个里程碑事件。目前，这项技术仍然是生物科学领域最具应用价值的技术之一。

DNA芯片技术和传统的Southern杂交、Northern杂交等技术一样，都基于核酸之间的互补结合特性。传统技术只能针对单个基因来分析，而微阵列技术开启了高通量模式，可以同时对多个基因进行分析。这种高通量模式的实现离不开DNA芯片的结构及其序列的多样性。

DNA芯片上固定有数十万个核酸探针，这些探针并非随机分布，而是被划分为了许多分区。每个分区内的序列相同，各个分区之间的序列则不同。当样品与芯片上的核酸探针进行互补时，根据结合力的不同，可以呈现出不同的信号强度。对这些信号进行分析处理就可以得到基因序列的大量信息。

目前，利用光刻法生产芯片的公司主要有Affymetrix、LC Sciences和Roche Nimblegen。利用电化学阵列法生产芯片的公司主要是CombiMatrix。利用喷墨打印法生产芯片的公司包括Agilent Technologies和Twist Bioscience。

基于芯片的寡核苷酸微阵列合成技术提供了传统柱式合成所不可能实现的多通道合成模式。每张芯片可能有上万的合成密度，一些合成仪能够同时合成多张芯片，微阵列平台的合成能力远远超过了传统的柱式合成仪器。

微阵列合成平台不仅可以显著提高寡核苷酸的合成通量，还能显著减少合成所需消耗的试剂量，从而大大降低成本。根据平台、寡核苷酸长度和合成规模的不同，基于微阵列平台合成的寡核苷酸成本从0.00001～0.001美元不等。与柱式合成寡核苷酸每个碱基0.05～0.15美元的成本相比，芯片合成寡核苷酸的优势十分明显。

芯片合成在基因合成应用方面仍然具有一些不足之处。第一，单条寡核苷酸的产量过低，通常比柱式合成低2～4个数量级。第二，微阵列合成的寡核苷酸质量往往较低，与柱式合成的寡核苷酸相比存在更多的合成错误。导致合成质量下降的原因之一是芯片上寡核苷酸序列的脱嘌呤化。通过优化反应条件和试剂的流动循环，可以有效减少脱嘌呤的发生，提高产率。低质量产物形成的另一个原因是"边缘效应"，包括反应液滴未对准、试剂封闭不力或光控系统中光束偏移导致不精确的脱保护反应，使得邻近区域的寡核苷酸序列产生碱基错误。微阵列芯片设计和合成工艺的不断改进，将推动低成本、高质量、长寡核苷酸序列的高保真合成。第三，DNA芯片中的寡核苷酸组分过于复杂，无法单独分离。如果这些寡核苷酸混合用于基因组装，会存在组装背景过于复杂的问题，引入更多的合成错误，并进一步提高验证和纠错的成本。

因此，目前基因组层面的人工合成基本始于柱式合成的寡核苷酸，或者商业合成的经过克隆验证的DNA模块，无法成熟运用成本更低、通量更高的微阵列合成寡核苷酸。研究者们认为，可以基于杂交选择原理设计特定互补探针，选择正确合成的寡核苷酸再进行组装，此法原理简单，操作的精确性不高，在纯化过程中要保证杂交引物的正交性，避免形成二聚体或选择错误的寡核苷酸序列。随着下一代测序技术（NGS）的发展。科学家们集成NGS、DNA微阵列和脉冲激光检索系统三种技术，用于收集经序列验证的寡核苷酸组装基因（图3-13）。这种方法使纯化寡核苷酸的精确程度大大提高，适合大规模合成寡核苷酸的纯化。

A. 第一步：寡核苷酸的设计与微阵列合成

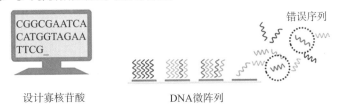

B. 第二步：测序与微珠的定位

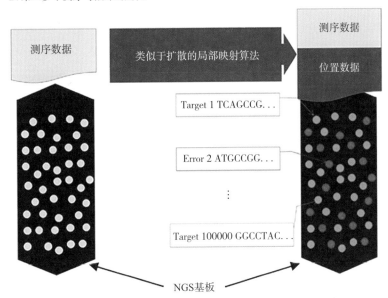

C. 第三步：目标微珠的精确检索与分离

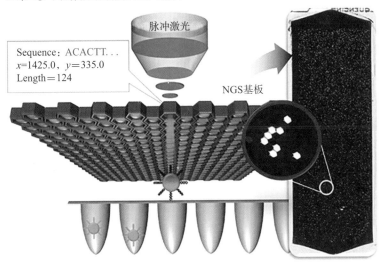

图3-13　对目标序列的"狙击式"检索

A.寡核苷酸的并行合成，将寡核苷酸从阵列上切割下来，获得含有错误序列寡核苷酸的混合物；B.NGS对寡核苷酸序列进行大规模并行识别，然后使用类似扩散的局部映射算法进行微珠定位；C.目标微珠的"狙击"式检索，非接触式脉冲激光检索系统可根据位置数据实现微珠的高通量分离

四、DNA微流控合成法

DNA微流控法合成是指利用微流体装置在微尺度上进行DNA的合成。DNA合成的微型化有利于减少试剂消耗，降低成本。

（一）微流控合成器

利用耐化学性的全氟聚醚（PFPE）可以制造微流控寡核苷酸合成装置（图3-14）。利用该微流控柱合成60 pmol寡核苷酸的试剂消耗量与传统的柱法合成相比减少了60倍。

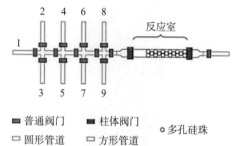

图3-14　微流控寡核苷酸合成器原理图

流体通道分为圆形管道和方形管道。前8个通道分配给不同的试剂：1.乙腈；2.脱保护剂；3.氧化剂；4.活化剂；5～8.四种核苷酸原料。第9个通道有两个功能：在实验准备过程中，它被用作硅珠的入口；在实验过程中，它被用作废液出口。部分关闭的柱阀可以截留硅珠，形成固相反应柱。反应柱的直径为5 μm

（二）微阀阵列

在微流体系统中，可以利用微阀控制流体的流动。单个微阀包括气室、柔性阀膜和阀座三部分（图3-15A）。对于单个反应器，如果所有的阀座都在未加压的空气通道下，流体就能够顺利进入反应器（图3-15B）。然而，任何一个阀座处于加压通道下时，则会向下推紧阀膜，使之紧紧覆盖在阀座上，阻挡流体流动（图3-15C）。经过合理的设计，16个微阀组成的阵列可以控制多达12870个微反应器。

A.结构示意图

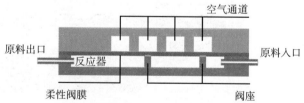

B.阀门打开，原料进入反应器

C.任意阀门关闭，原料无法进入反应器

图3-15　微阀阵列原理图
A.微反应器和寻址阀的示意图；B.打开微反应器；C.关闭微反应器

（三）毛细管内合成法

毛细管内合成法将具有光敏性的NPPOC作为5′-OH的保护基团，利用紫外光发光二极管（UV-LED）作为光源，在内表面功能化的光滑玻璃毛细管内合成寡核苷酸。

在靠近毛细管的表面，垂直固定有多个LED，保证紫外光能垂直照入管内（图3-16）。在计算机程序的控制下，这些LED发出紫外光，激活对应的毛细管区域。这样，一根简单的毛细管就变成了一个多通道合成系统。

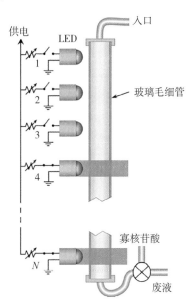

图3-16 基于LED的毛细管合成

毛细管由一系列LED照明，且LED在计算机控制下各自独立。来自每一个LED的紫外光都会激活对应的毛细管区域

毛细管内DNA合成的反应原理见图3-17。首先，NPPOC保护的胸腺嘧啶脱氧核糖核苷酸流过毛细管，结合到毛细管硅烷化内表面上的自由羟基上。随后，LED发出紫外线（以灰色框表示），实现脱保护（图3-18）。冲洗后，将NPPOC保护的胞嘧啶

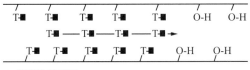

A. 偶联胸腺嘧啶

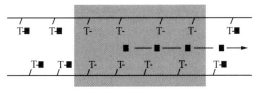

B. 脱保护

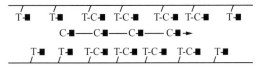

C. 偶联胞嘧啶

图3-17 毛细管内DNA合成过程

A.NPPOC（实心方块表示）保护的胸腺嘧啶脱氧核糖核苷酸流过毛细管，并与毛细管表面的游离羟基结合；B.LED发出紫外线（以灰色框表示），使NPPOC保护基团脱除，然后将其冲洗掉；C.NPPOC保护的胞嘧啶脱氧核糖核苷酸流过毛细管，仅在脱保护的位置附着。箭头表示流动方向

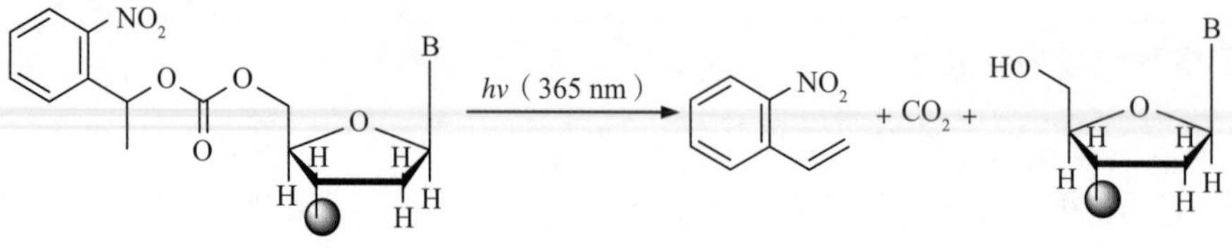

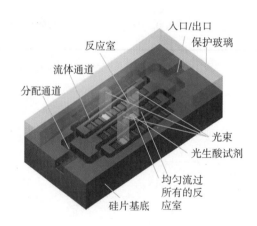

图3-18 NPPOC基团的脱保护

脱氧核糖核苷酸溶液注入毛细管中。胞嘧啶脱氧核糖核苷酸仅在脱去保护基团的位点发生偶联。

五、μParaflo技术

μParaflo技术由美国LC Sciences（联川生物国际研发中心）的科学家和研发工程师共同开发，主要技术包括μParaflo微流控芯片反应器、数字光合成器和皮升级生化反应工艺。这项技术可以在皮升级反应室中，依托光生酸介导的化学反应过程，利用数字化光刻装置实现程序化原位控制，实现寡核苷酸的大规模并行合成（图3-19）。

图3-19 PicoArray反应器结构示意图

该反应器由硅片基底和保护玻璃组成。硅片基底上蚀刻有平行排列的反应室及通道。数字光投影在特定的位置，以控制光酸反应的发生

数字化光刻装置的应用使光刻成为一种程序化控制化学合成的实用方法。只需通过计算机编程来控制数字化光学设备，就可以简单高效地在同一反应表面并行合成大量自定义的DNA序列，大大提高了合成的灵活性，降低了合成成本。

光生酸前体进入微流控反应器内后，在数字化控制的光照条件下产生酸，介导指定位点DMT的脱保护过程。与传统方法相比，该过程不需要额外的电化学表面处理或特殊的光敏合成单体，可以确保合成高效、高质量地进行。

微流控芯片反应器是在硅基板和玻璃板上采用微电子加工工艺合成的，包含128×31（共3698）个独立的反应室。流体微通道呈锥形，确保了反应溶液能以相同的流速通过所有的反应微室，从而保证了高密度DNA的均匀合成。

参 考 文 献

［1］冯淼，王璐，田敬东. 2013. 基因合成技术研究进展. 生物工程学报，29（8）：1075-1085.

［2］李诗渊，赵国屏，王金. 2017. 合成生物学技术的研究进展——DNA合成、组装与基因组编辑. 生物工程学报，33（3）：343-360.

［3］王冬梅，洪泂. 2011. 从碱基到人造生命——基因组的从头合成. 生命的化学，31（1）：13-20.

［4］王霞，赵鹃，李炳志等. 2013. DNA合成技术及应用. 生命科学，25（10）：993-999.

［5］Beaucage S L，Caruthers M H. 1981. Deoxynucleoside phosphoramidites—A new class of key intermediates for deoxypolynucleotide synthesis. Tetrahedron Letters，22（20）：1859-1862.

［6］Beaucage S L，Caruthers M H. 2000. Synthetic strategies and parameters involved in the synthesis of oligodeoxyribonucleotides according to the phosphoramidite method. Current Protocols in Nucleic Acid Chemistry，Chapter 3：3.3.1-3.3.20.

［7］Blair S，Richmond K，Rodesch M，et al. 2006. A scalable method for multiplex LED-controlled synthesis of DNA in capillaries. Nucleic Acids Research，34（16）：e110.

［8］Blanchard A P，Kaiser R J，Hood L E. 1996. High-density oligonucleotide arrays. Biosensors and Bioelectronics，11（6）：687-690.

［9］Büchi H，Khorana H G. 1972. CV. Total synthesis of the structural gene for an alanine transfer ribonucleic acid from yeast. Chemical synthesis of an icosadeoxyribonucleotide corresponding to the nucleotide sequence 31 to 50. Journal of Molecular Biology，72（2）：251-288.

［10］Caruthers M H. 2011. A brief review of DNA and RNA chemical synthesis. Biochemical Society Transactions，39（2）：575-580.

［11］Egeland R D，Southern E M. 2005. Electrochemically directed synthesis of oligonucleotides for DNA microarray fabrication. Nucleic Acids Research，33（14）：e125.

［12］Ellington A，Pollard J D. 2001. Introduction to the synthesis and purification of oligonucleotides. Current Protocols in Nucleic Acid Chemistry，Appendix 3：Appendix 3C.

［13］Fodor S P，Read J L，Pirrung M C，et al. 1991. Light-directed，spatially addressable parallel chemical synthesis. Science，251（4995）：767-773.

［14］Gao X L，Gulari E，Zhou X C. 2004. In situ synthesis of oligonucleotide microarrays. Biopolymers，73（5）：579-596.

［15］Gao X L，LeProust E，Zhang H，et al. 2001. A flexible light-directed DNA chip synthesis gated by deprotection using solution photogenerated acids. Nucleic Acids Research，29（22）：4744-4750.

［16］Gaytán P，López-Bustos E，Güereca L. 2013. Repetitive use of polyacrylamide gels for the analysis and purification of oligonucleotides. Analytical Biochemistry，439（1）：62-72.

［17］Hall R H，Todd A，Webb R F. 1957. 644. Nucleotides. Part XLI. Mixed anhydrides as intermediates in the synthesis of dinucleoside phosphates. Journal of the Chemical Society（Resumed）：3291-3296.

［18］Hill T L, Mayhew J W. 1990. Convenient purification of tritylated and detritylated oligonucleotides up to 100-mer. Journal of Chromatography, 512：415-431.

［19］Hua Z, Xia Y, Srivannavit O, et al. 2006. A versatile microreactor platform featuring a chemical-resistant microvalve array for addressable multiplex syntheses and assays. Journal of Micromechanics and Microengineering, 16（8）：1433-1443.

［20］Huang Y, Castrataro P, Lee C-C. 2007. Solvent resistant microfluidic DNA synthesizer. Lab on A Chip, 7（1）：24-26.

［21］Huber C G, Oefner P J, Bonn G K. 1992. High-performance liquid chromatographic separation of detritylated oligonucleotides on highly cross-linked poly-（styrene-divinylbenzene）particles. Journal of Chromatography, 599（1-2）：113-118.

［22］Hughes R A, Miklos A E, Ellington A D. 2011. Gene synthesis：methods and applications. Methods in Enzymology, 498：277-309.

［23］Kosuri S, Church G M. 2014. Large-scale de novo DNA synthesis：technologies and applications. Nature Methods, 11（5）：499-507.

［24］Kosuri S, Eroshenko N, Leproust E M, et al. 2010. Scalable gene synthesis by selective amplification of DNA pools from high-fidelity microchips. Nature Biotechnology, 28（12）：1295-1299.

［25］Kuhn P, Wagner K, Heil K, et al. 2017. Next generation gene synthesis：From microarrays to genomes. Engineering in Life Sciences, 17（1）：6-13.

［26］Lee H, Kim H, Kim S, et al. 2015. A high-throughput optomechanical retrieval method for sequence-verified clonal DNA from the NGS platform. Nature Communications, 6（1）：6073.

［27］Letsinger R I, Finnan J L, Heavner G A, et al. 1975. Letter：Phosphite coupling procedure for generating internucleotide links. Journal of the American Chemical Society, 97（11）：3278-3279.

［28］Letsinger R L, Caruthers M H, Miller P S, et al. 1967. Oligonucleotide syntheses utilizing beta-benzoylpropionyl, a blocking group with a trigger for selective cleavage. Journal of the American Chemical Society, 89（26）：7146-7147.

［29］Letsinger R L, Kornet M J. 1963. Popcorn Polymer as a support in multistep syntheses. Journal of the American Chemical Society, 85（19）：3045-3046.

［30］Letsinger R L, Lunsford W B. 1976. Synthesis of thymidine oligonucleotides by phosphite triester intermediates. Journal of the American Chemical Society, 98（12）：3655-3661.

［31］Letsinger R L, Mahadevan V. 1965. Oligonucleotide synthesis on a polymer support1, 2. Journal of the American Chemical Society, 87（15）：3526-3527.

［32］Letsinger R L, Ogilvie K K. 1967. Convenient method for stepwise synthesis of oligothymidylate derivatives in large-scale quantities. Journal of the American Chemical Society, 89（18）：4801-4803.

［33］Lopez-Gomollon S, Nicolas F E. 2013. Chapter Six - Purification of DNA oligos by denaturing polyacrylamide gel electrophoresis（PAGE）. Methods in Enzymology, 529：65-83.

［34］Ma S, Saaem I, Tian J D. 2012. Error correction in gene synthesis technology. Trends in

Biotechnology，30（3）：147-154.

［35］Ma S，Tang N，Tian J D. 2012. DNA synthesis，assembly and applications in synthetic biology. Current Opinion in Chemical Biology，16（3-4）：260-267.

［36］Matzas M，Stahler P F，Kefer N，et al. 2010. High-fidelity gene synthesis by retrieval of sequence-verified DNA identified using high-throughput pyrosequencing. Nature Biotechnology，28（12）：1291-1294.

［37］Maurer K，Cooper J，Caraballo M，et al. 2006. Electrochemically generated acid and its containment to 100 micron reaction areas for the production of DNA microarrays. PloS One，1（1）：e34.

［38］Mcbride L J，Caruthers M H. 1983. An investigation of several deoxynucleoside phosphoramidites useful for synthesizing deoxyoligonucleotides. Tetrahedron Letters，24（3）：245-248.

［39］Mcgall G，Labadie J，Brock P，et al. 1996. Light-directed synthesis of high-density oligonucleotide arrays using semiconductor photoresists. Proceedings of the National Academy of Sciences of the United States of America，93（24）：13555-13560.

［40］Michelson A M，Todd A R. 1955. Nucleotides. Part XXXII. Synthesis of a dithymidine dinucleotide containing a 3′：5′-internucleotidic linkage. Journal of the Chemical Society：2632-2638.

［41］Miller M B，Tang Y-W. 2009. Basic concepts of microarrays and potential applications in clinical microbiology. Clinical Microbiology Reviews，22：611-633.

［42］Mueller S，Coleman J R，Wimmer E. 2009. Putting synthesis into biology：a viral view of genetic engineering through de novo gene and genome synthesis. Chemistry & Biology，16（3）：337-347.

［43］Pinto A，Chen S X，Zhang D Y. 2018. Simultaneous and stoichiometric purification of hundreds of oligonucleotides. Nature Communications，9（1）：2467.

［44］Singh-Gasson S，Green R D，Yue Y J，et al. 1999. Maskless fabrication of light-directed oligonucleotide microarrays using a digital micromirror array. Nature Biotechnology，17（10）：974-978.

［45］Sinha N D，Jung K E. 2015. Analysis and purification of synthetic nucleic acids using HPLC. Current Protocols in Nucleic Acid Chemistry，61（1）：10.5.1-10.5.39.

［46］Tian J D，Gong H，Sheng N J. 2004. Accurate multiplex gene synthesis from programmable DNA microchips. Nature，432（7020）：1050-1054.

［47］Tian J，Ma K，Saaem I. 2009. Advancing high-throughput gene synthesis technology. Molecular Biosystems，5（7）：714-722.

［48］Venkatasubbarao S. 2004. Microarrays—status and prospects. Trends in Biotechnology，22（12）：630-637.

［49］Wang E R，夏令伟. 1998. 核酸探针的合成、标记及应用. 北京：科学出版社.

［50］Weber H，Khorana H G. 1972. CIV. Total synthesis of the structural gene for an alanine transfer ribonucleic acid from yeast. Chemical synthesis of an icosadeoxynucleotide corresponding to the nucleotide sequence 21 to 40. Journal of Molecular Biology，72（2）：219-249.

［51］Zhang Q L，Lv H H，Wang L L，et al. 2016. Recent methods for purification and structure determination of oligonucleotides. International Journal of Molecular Sciences，17（12）：2134.

[52] Zhou X，Cai S，Hong A，et al. 2004. Microfluidic PicoArray synthesis of oligodeoxynucleotides and simultaneous assembling of multiple DNA sequences. Nucleic Acids Research，32（18）：5409-5417.

第4章

DNA酶法合成技术

基于固相亚磷酰胺"脱保护、偶联、盖帽和氧化"四步法的化学合成技术是目前广泛使用的DNA合成方法，该方法的极限合成长度约为200 nt，虽然微阵列芯片合成法实现了更高通量的DNA合成，但合成技术在本质上并没有改变。近年出现的DNA酶法合成技术有望改变这一局面，实现在更温和的反应条件下以更低的成本合成更长的DNA分子。

DNA酶法合成技术，又称DNA酶促从头合成技术，是在不借助DNA模板的前提下，在酶的催化下进行DNA的合成。不同于常用的DNA扩增技术（如PCR技术和等温扩增技术），DNA酶法合成脱离模板链的束缚，可以人工合成自然界不存在的DNA序列片段。相比于化学法合成DNA，酶法合成DNA不需要使用有毒化合物，反应条件温和，有望解决化学合成法存在的诸多问题，近年来受到广泛的关注。

一、无模板DNA合成

一般的DNA分子生物合成技术，如PCR技术，主要依赖DNA模板，经过各种DNA聚合酶催化进行DNA合成，扩增出的DNA链与模板链互补，无法随意更改。由于在自然界中无法轻易获得相对应的模板，因此难以用于合成非天然、人工设计的序列。

DNA末端转移酶和一些DNA聚合酶可以不依赖于已有的DNA模板分子，直接催化DNA链合成，实现无模板DNA合成（template-independent enzymatic DNA synthesis）。同时，这些酶催化效率高、反应条件温和，可使寡核苷酸合成长度和准确度增加数个量级，如DNA末端转移酶其合成长度可达8000 nt。因此，与DNA化学合成技术相比较，酶法合成技术在合成长度和产量方面有极大的提升，合成潜力巨大。

2018年10月，*Science*杂志报道DNA酶法合成技术已经发展为合成长度更长的新技术；2019年2月，法国DNA Script公司利用酶法合成技术实现了长度达200 nt的高质量DNA的合成，并预测在两年内酶法合成速度可以达到每天1000 nt，比化学合成法的速度高一个量级，并且会极大地降低合成和组装DNA的成本。DNA酶法合成技术提升了使用合成生物学技术设计和制造基因网络甚至新基因组的能力，同时也为DNA数据存储和纳米功能材料的设计与制造带来重要变革。

DNA酶法合成利用特殊的酶催化dNTP组合形成核苷酸链。这些特殊的酶是天然存在的，并且在生命活动中发挥重要作用。相比于DNA聚合酶，这些特殊的酶不依赖模板进行DNA合成。酶是一种高效的天然催化剂，反应条件温和，对DNA的损伤较小，副产物较少。DNA酶法合成过程中不需要使用有毒化合物，相较于传统的化学方法具有许多潜在优势：①合成的核苷酸链更长，打破了化学法合成长度的限制；②错误率更低，产率更高；③循环速率更快，生产效率更高。这些潜在优势对许多研究领域具有重要意义，特别是在合成生物学和DNA数据存储领域。DNA酶法合成有望解决化学合成中的重点和难点问题。

但是针对DNA酶法合成的研究目前还处于初级阶段，利用该技术实现工业化生产还有很长的路要走。

二、末端转移酶

末端转移酶（terminal deoxynucleotidyl transferase，TdT）是一种在没有模板的情况下，也可将脱氧核苷酸催化结合到单链DNA分子3′-OH端的DNA聚合酶，是目前唯一已知的以无模板方式延长DNA链的DNA聚合酶。

（一）酶的结构

TdT酶的蛋白质结构分为三个亚结构域（图4-1），分别为拇指域（thumb domain）、手指域（finger domain）和手掌域（palm domain）。这些亚结构域交联叠加，使TdT酶的表面结构呈环状，其中心空洞为TdT酶催化连接核苷酸的活性位点。TdT酶属于DNA聚合酶X家族。DNA聚合酶X家族还包括其他多种DNA聚合酶，如DNA聚合酶beta（pol β）、DNA聚合酶lambda（pol λ）和DNA聚合酶mu（pol μ）等。

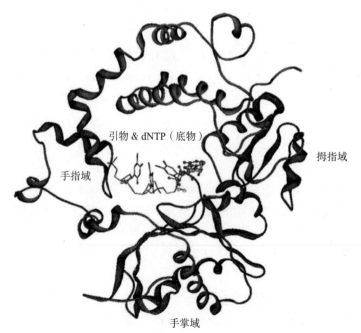

引物 & dNTP（底物）

拇指域

手指域

手掌域

图4-1 TdT酶的结构示意图

（二）生理功能和应用

TdT酶在哺乳动物体内天然存在，在胸腺中表现为高水平活性，在骨髓中则表现为低水平活性。TdT酶在脊椎动物免疫系统中发挥重要作用，负责在V（D）J重组过程中将核苷酸随机添加到单链DNA中。

重链可变区的D基因和J基因在拼接前，利用TdT酶在基因片段末端随机添加核苷酸，之后用核酸外切酶进行删除修改，使末端单链互补（图4-2），导致编码重链可变区的基因产生随机变化。

图4-2 V（D）J重组过程示意图

A.D基因和J基因拼接前；B.TdT酶在D基因和J基因末端随机添加核苷酸；C.在核酸外切酶的作用下切除不匹配的碱基，D基因和J基因末端互补配对，在DNA聚合酶的作用下完成两基因的拼接

TdT酶使遗传物质的产生变得随机化，从而促进脊椎动物免疫系统的进化，产生大量免疫球蛋白（10^{14}）和T细胞受体（10^{18}），提高系统的适应能力。

此外，TdT酶还被应用于多个分子生物学的领域。在cDNA末端快速扩增（rapid amplification of cDNA ends，RACE）的5′RACE技术中，TdT酶负责为cDNA末端添加核苷酸。在TUNEL检测（TdT-mediated dUTP nick-end labeling）中，TdT酶负责在3′端连接荧光素（FITC）标记的dUTP。

（三）催化性质

TdT酶以脱氧核糖核苷三磷酸单体 $[（pdN）_3]$ 为原料在3′端进行延伸（图4-3），其中引发链的长度至少为3 nt。在TdT酶的作用下，dNTP（pppdN）单体被连接到引发链的3′端后会产生一分子焦磷酸（ppi）。该催化反应是由TdT酶的两个变体TdTS酶和TdTL酶控制的可逆过程，其中，TdTS为3′端末端转移酶，催化DNA链延伸的正反应（图4-3），TdTL酶具有3′端核酸外切酶活性，催化DNA链延伸的逆

$$(pdN)_3 + n \text{ pppdN} \xrightleftharpoons{\text{TdT}} (pdN)_{n+3} + n \text{ PPi}$$

图4-3　TdT酶催化DNA链延伸的原理

反应。

TdT酶作为一种不依赖模板进行DNA合成的酶，其催化反应具有以下特点：

1.底物相关　TdT酶对于所有dNTP均有较快的催化反应速率，即任意的dNTP都可以作为其底物，且容易进行链的延长。TdT酶对于除rATP外的rNTP都有较快的催化反应速率，rATP则对于TdT酶有特殊的抑制作用。

2.引物相关　TdT酶的引物也称起始物（initiator），常作为区分聚合酶的引物（primer）。TdT酶的引物链最短为三磷酸三核苷［d（pNpNpN）］，最适链长为6～12个核苷，在发生反应时，引物的3′-OH末端必须游离在溶液中。

3.金属离子相关　TdT酶是一种金属酶，Zn^{2+}可以作为该酶的激活剂，其他金属离子亦可以用作TdT酶反应的激活剂，如Mg^{2+}可以激活嘌呤核苷三磷酸聚合反应，Co^{2+}可以激活嘧啶核苷三磷酸聚合。

4.抑制剂相关　金属配基对TdT酶有显著的抑制作用。金属螯合剂可通过去除二价金属离子，起到抑制作用。乙二胺四乙酸（EDTA）作为一种有效的金属螯合剂，微克分子水平的EDTA即可抑制TdT酶的活性。

三、合成策略选择

（一）研究重点

天然的TdT酶只能在DNA链末端随机添加新的dNTP，无法精确控制链合成过程，不能满足人工DNA合成需求。因此，DNA酶法合成的研究重点便是通过反应体系的构建，达到控制TdT酶进行精确合成DNA链的目的。目前，已报道的策略主要可以分为两大类，一类是利用可逆终止基团阻断3′-OH成键位点，另一类是利用TdT-dNTP缀合物反应后残留的TdT酶分子挤占下一个酶的催化位点，阻碍底物添加。

（二）阻断3′-OH成键位点

科学家们首先考虑的方法是利用dNTP 3′-OH与可逆终止基团结合阻断成键位点。当DNA延伸所需要的3′-OH基被可逆终止基团阻断时，TdT酶催化DNA链延长的反应将终止，从而达到精确控制酶进行DNA合成的目的。之后将终止延长的DNA链分离出来，洗涤去除未反应的底物和TdT酶，处理切除可逆终止基团，将DNA链3′端的羟基释放出来，继续进行链的延长反应。如此反复进行"停止-重启"过程，就可以控制TdT酶完成目标DNA链的合成。

1.合成步骤　首先是可逆终止基团的选取。基团的选取关系到"停止-重启"中重启过程的操作步骤，选择阻断效果好、去除过程简单和副产物易于分离的可逆终止基团有利于合成反应的进行。

甲基、2-硝基苄基、烯丙基、叠氮基甲基、氨基和叔丁氧基乙氧基都可以作为可逆终止保护基团，用于控制TdT酶的催化延伸（图4-4）。此处以2-硝基苄基为例，介绍以其作为可逆终止基团，在紫外光介导下的TdT酶催化无模板DNA的合成。

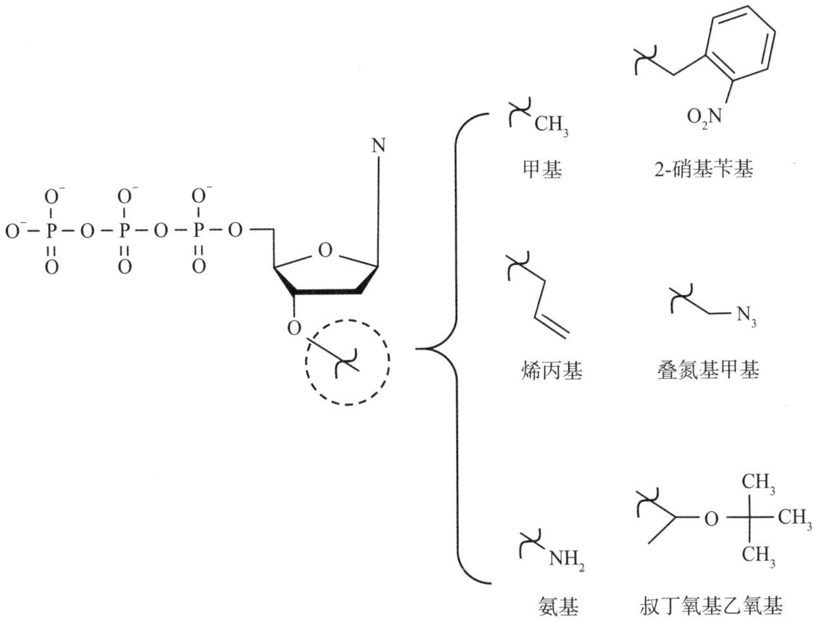

图4-4　用于阻断3′-OH成键位点的可逆终止基团

2-硝基苄基是一种光敏基团。1901年，Silber和Ciamician发现2-硝基苄基的光化学反应机制（图4-5）。在DNA合成重启过程中，X代表3′上的O，R代表脱氧核糖五元环、碱基和磷酸，2-硝基苄基光敏基团在光照条件下发生一系列分子内的电荷重排，最终释放一个完整的脱氧核糖核苷酸H-X-R和副产物邻亚硝基苯甲醛。

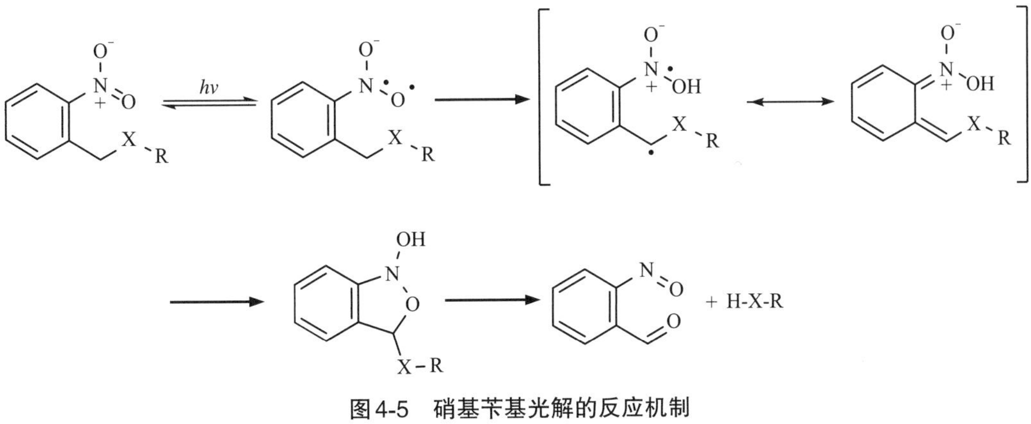

图4-5　硝基苄基光解的反应机制

合成由可逆终止基团保护的底物是阻断3′-OH成键位点策略中最困难的一步，需要对多步骤的化学反应进行相应的条件控制，将前体物质合成为3′端被保护的dNTP结构。此处以腺嘌呤为例展示底物的合成流程（图4-6）。

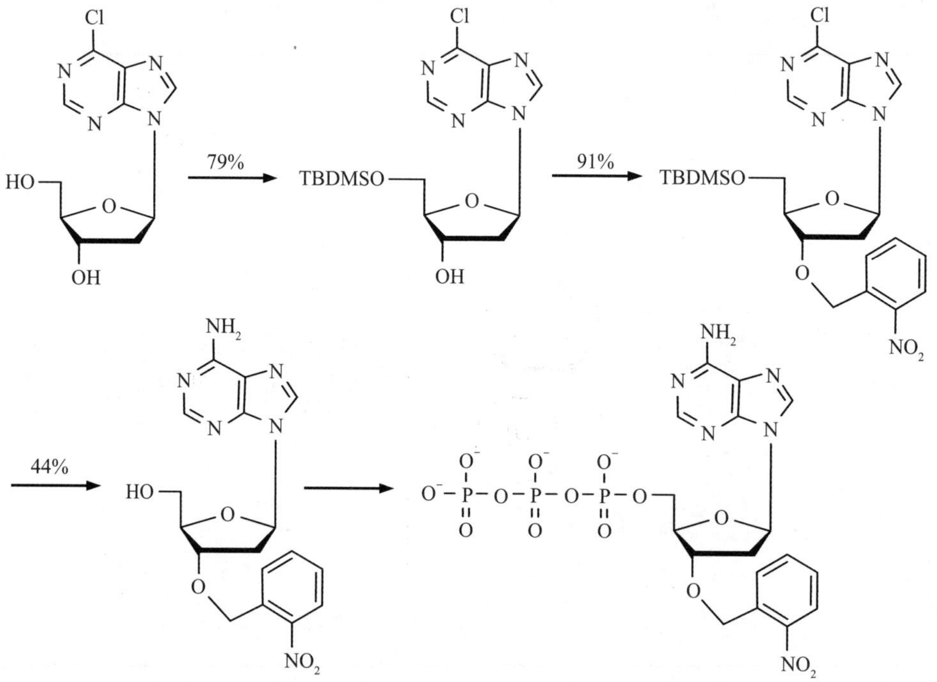

图4-6　底物（3′-OH成键位点被阻断）合成的化学步骤

底物合成后，在TdT酶的作用下合成DNA（图4-7）。将底物dNTP连接到引物链的3′端完成链的延伸，由于底物的3′端羟基被保护，反应停止。在光照条件下，2-硝基苄基发生电荷重排，转化为异硝基中间体。异硝基中间体释放出DNA链和邻亚硝基苯甲醛副产物，利用邻亚硝基苯甲醛降解酶去除副产物后，得到3′端羟基裸露在溶液中的DNA链，DNA的合成再次"重启"，可继续进行DNA链延长反应，完成重启过程。

2. 存在的问题　阻断成键位点、利用可逆终止基团保护3′-OH的策略成功实现了精确可控的DNA合成。但这种策略涉及的反应过程复杂，实际操作性不强。例如，合成3′端被保护的dNTP化学反应步骤多、过程复杂且收率较低（约32%），"重启"过程后需要去除副产物，TdT酶对3′端被修饰的dNTP的催化效果不佳等。

在dNTP与TdT结合的晶体结构模型中，蛋白质的分子表面呈黄色网格状，核苷酸呈棒状，锌离子（Zn^{2+}）为灰色球形（图4-8）。正常反应下，TdT酶催化dNTP合成时的3′端与酶活性位点中的蛋白质表面紧贴。所以3′修饰有保护基团的dNTP不能有效地结合在TdT酶的活性位点中，极大地降低了TdT酶的催化效率。导致在邻硝基苄基体系下，每进行一次"停止-重启"过程需要1小时左右，即每连接一个核苷酸需要耗费约1小时的时间，DNA合成效率低下。

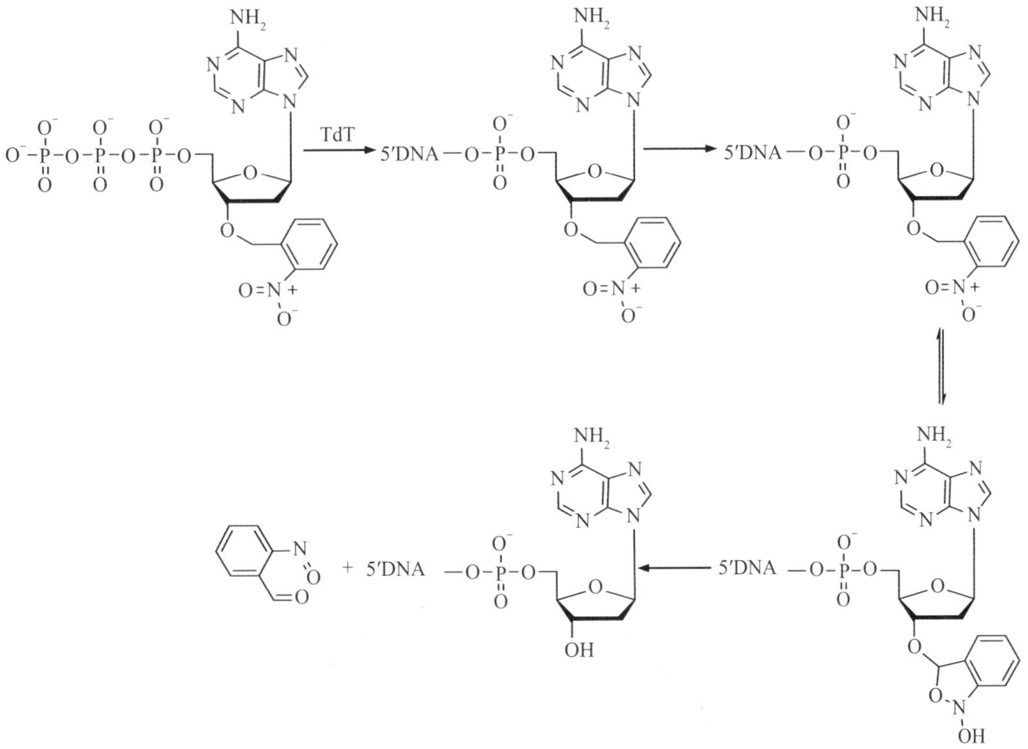

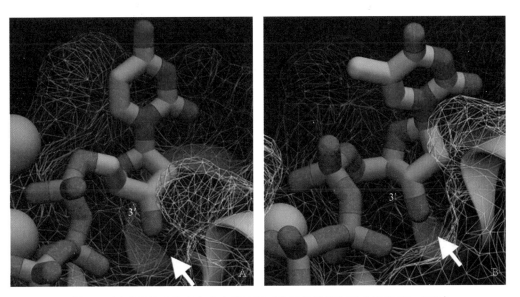

图 4-7　基于阻断 3′-OH 成键位点策略合成 DNA 的具体化学步骤

图 4-8　以底物结合位点为中心的 TdT-dNTP 共晶结构图（PDB ID：4I2J）

图中黄色网络状物为蛋白质，棒状物为核苷酸，灰色球体为金属离子。A.TdT-dCTP；B.TdT-dTTP

（三）空间位阻效应

2018年，Sebastian Palluk等以TdT-dNTP缀合物为原料进行延伸和阻断反应，实现从头合成寡核苷酸链。TdT-dNTP缀合物是一个大分子，当以缀合物为原料进行DNA引物延伸时，DNA链与TdT酶通过共价键连接，导致DNA链挤占酶的催化位点，阻碍下一个缀合物的连接，从而实现对酶促DNA延伸过程的精确控制（图4-9）。dNTP碱基修饰不会影响TdT酶催化dNTP的连接效率，而且完成一个循环过程只需90秒，这大大提高了循环延伸的效率，解决了阻断成键位点策略中存在的合成效率低下的问题。

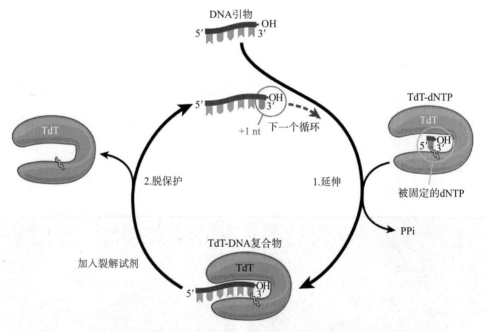

图4-9　基于空间位阻效应合成DNA的原理示意图

1.延伸步骤，TdT酶催化缀合物中的dNTP连接在DNA链的3′端；2.脱保护步骤，TdT-DNA复合物在裂解试剂的作用下脱去TdT酶

基于空间位阻效应合成DNA主要分为两步：延伸和脱保护。延伸过程是利用胺-硫醇交联剂将TdT酶和核苷酸类似物连接在一起，形成TdT-dNTP缀合物。在延伸过程中，末端转移酶催化TdT-dNTP缀合物与引物的3′端结合，连接在引物上的TdT-dNTP缀合物通过空间位阻效应保护引物的羟基，阻止DNA链的进一步延伸。脱保护过程是将剩余的缀合物分离出反应体系，加入裂解试剂（DTT和肽酶，365 nm的紫外光）裂解3′端核苷酸碱基与TdT之间的共价键，释放出引物的3′端用于再次延伸。重复这一循环过程，从而合成目标长链DNA。

1.合成步骤　该方法中TdT酶和dNTP通过氨基甲酸酯键连接为TdT-dNTP缀合物。该连接键可通过光照裂解，便于释放TdT酶实现DNA链的去保护。

　　以胞嘧啶为例详细说明DNA合成的化学步骤。BP-23354是一种光可裂解的胺-硫醇交联剂。炔丙基氨基-dCTP（5-propargylamino-dCTP）与BP-23354结合形成光可切割的Linker-dCTP。Linker-dCTP和半胱氨酸残基修饰的TdT酶结合形成TdT-dCTP缀合物。在引物中加入过量的TdT-dCTP缀合物，形成复合物TdT-dC-DNA，使引物末端连接胞嘧啶，并保护胞嘧啶上的羟基，中止延伸反应。之后对引物进行去保护，在365 nm的光照射下，切割复合物TdT-dC-DNA中的氨基甲酸酯键，释放出延伸单个炔丙基氨基胞嘧啶核苷酸的引物。完成去保护步骤后，引物可重复上述步骤进行循环延伸（图4-10）。

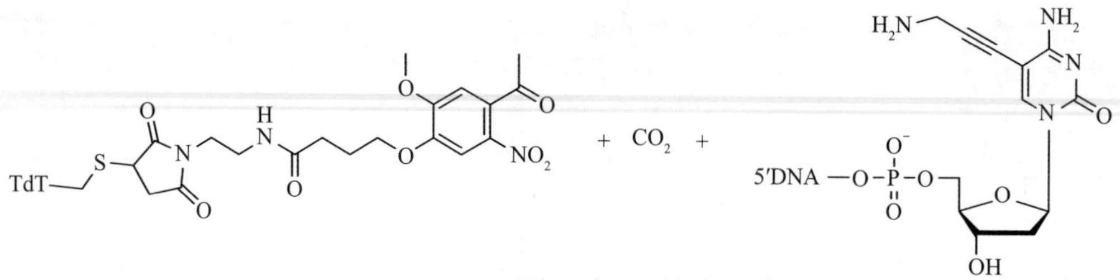

图4-10　基于空间位阻效应合成DNA的具体化学步骤

以TdT-dNTP缀合物为底物进行DNA酶法合成时，链延长后在TdT酶的保护下反应中止，延伸完成后，通过光照实现链的去保护，从而继续延伸。大多数核苷酸可以在10～20秒与寡核苷酸链结合，去保护步骤需要1分钟完成，预计合成一个完整的基因仅需一天时间，相较于阻断3′-OH成键位点策略，该策略极大地缩短了合成时间，提高了效率。而且TdT酶与dNTP缀合物的合成工序简单，条件容易控制。

2.存在的问题　完成光解脱保护后，碱基上留下的"瘢痕"（scar）（图4-11）可能对后续DNA链的延伸及DNA的生化功能产生影响。但是，相比于其他脱保护方法，光解脱保护法是留下"瘢痕"最小的一种方法。

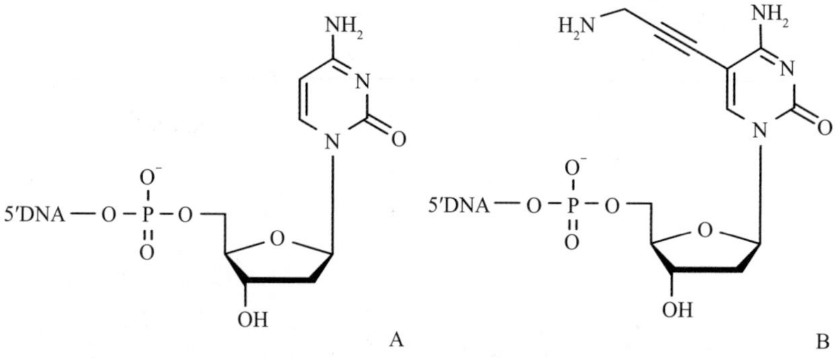

图4-11　DNA链脱保护后，核苷酸残基的碱基上留下"瘢痕"

A.天然的胞嘧啶；B.碱基上带有"瘢痕"的胞嘧啶

另外，在目前的实验条件下，利用TdT-dNTP缀合物合成DNA时每个碱基的延伸效率只能达到98%，低于传统方法的合成效率。此外，反应过程需大量TdT-dNTP缀合物，大大增加了合成成本。这意味着使用该策略合成DNA还需进一步精简优化实验条件，距离实现DNA酶法合成技术的工业化还有很长的路要走。

四、优势和挑战

尽管目前普遍利用化学法进行DNA合成，但其存在的问题迫使科学家们研究更为完善的合成方法。DNA化学法合成中主要存在以下问题：

1.合成长度增长，产量和精确度随之下降，目前，化学法合成DNA的极限长度仅在200 nt左右。

2.在化学法合成DNA的过程中需使用大量化学试剂，原子经济性差，不符合绿色环保的理念。

DNA酶法合成的提出为解决目前化学合成法中存在的问题提供了新的思路，与DNA化学合成法相比，DNA酶法合成具有以下几点优势：

1.酶催化效率高，可以合成更长的DNA链，打破化学法合成长度的限制。

2.酶法合成过程反应条件温和，减少了对DNA的损伤，有助于提高DNA合成产物的准确性。

3.反应过程均是在水相中进行，无须使用有毒化合物。

4.完全兼容天然DNA（3′-OH未保护的DNA），能够对天然DNA进行人工改造。

当前，酶法合成DNA存在着以下几个有待解决的问题：

1.可使用的聚合酶有限，当前的合成研究只围绕TdT酶进行，发展速度较缓慢。

2.利用TdT酶合成的DNA链存在瘢痕，目前没有有效的手段去除瘢痕。不过，存在瘢痕的DNA链保真度没有损失，可以用作模板链进行DNA链的合成。

3.至今仍未实现对酶法合成的精确控制，每个碱基延伸效率只能达到98%，低于传统的化学法，未能达到大规模合成基因组的精度要求。

4.目前的DNA酶法合成技术不能满足工业化合成DNA的要求。

总之，利用TdT酶合成DNA可以突破化学法DNA合成的局限性，实现更低成本更长的DNA合成，潜力巨大，拥有良好的实用前景。但当前的酶法DNA合成方法研究仍处于发展初期，尚需进一步开发优化，如提高反应效率、反应产率、产物的质量，以及降低反应成本等，并需要研制配套的自动化合成仪器，以满足工业化生产的条件，促进DNA相关产业的发展。

参 考 文 献

［1］卢俊南，罗周卿，姜双英，等. 2018. DNA的合成、组装及转移技术. 中国科学院院刊，33（11）：1174-1183.

［2］Jensen M A，Davis R W. 2018. Template-independent enzymatic oligonucleotide synthesis（TiEOS）：Its history，prospects，and challenges. Biochemistry，57（12）：1821-1832.

［3］Kosuri S，Church G M. 2014. Large-scale de novo DNA synthesis：technologies and applications. Nature Methods，11（5）：499-507.

［4］Mathews A S，Yang H K，Montemagno C. 2016. Photo-cleavable nucleotides for primer free enzyme mediated DNA synthesis. Organic & Biomolecular Chemistry，14（35）：8278-8288.

［5］Motea E A，Berdis A J. 2010. Terminal deoxynucleotidyl transferase：The story of a misguided DNA polymerase. Biochimica et Biophysica Acta-Biomembranes，1804（5）：1151-1166.

［6］Palluk S，Arlow D H，de Rond T，et al. 2018. De novo DNA synthesis using polymerase-nucleotide conjugates. Nature Biotechnology，36（7）：645-650.

［7］Perkel J M. 2019. The race for enzymatic DNA synthesis heats up. Nature，566（7745）：565.

［8］Service R F. 2018. DNA printers poised to jump from paragraphs to pages. Science，362（6411）：143.

第5章

DNA 胞外拼装方法

DNA 的化学法合成和酶法合成均能得到较短的 DNA 片段,即寡核苷酸(oligonucleotide,Oligo)。一组寡核苷酸可以通过基因合成或拼装的方法得到更长的人工合成片段。此时合成的"基因"一般特指基因长度的片段,而非典型遗传学定义的基因。相比基因组层面极高分子量的大分子 DNA 拼装,基因拼装基本上采用胞外拼装。DNA 胞外拼装是在胞外将两个或两个以上寡核苷酸片段拼装成长片段的方法,它既要建立拼装的标准,实现操作标准化;又要开发更加高效的拼装方法,适用于更大更复杂片段的拼装。

典型的 DNA 胞外拼装策略可分为序列依赖型和非序列依赖型。序列依赖型拼装策略主要是基于核酸内切酶的拼装,如 BioBrick 拼装法和 Golden Gate 拼装法等。非序列依赖型拼装策略主要是基于末端碱基互补配对原则或重叠序列原则,包括基于连接酶的拼装策略、基于聚合酶的拼装策略和基于核酸外切酶的拼装策略等。

一、基于连接酶的拼装策略

最早依赖连接反应的基因拼装可以追溯到 19 世纪 60 年代,Gupta 等使用寡核苷酸合成技术和 DNA 连接酶介导的拼装技术,合成了一条 30 bp 的酵母丙氨酸 tRNA 基因片段。Au 等在 1998 年发明了一种连接酶链式反应(ligase chain reaction,LCR),在 DNA 连接酶的作用下,连接寡核苷酸,得到 441 bp 的 leptin-L54 基因。随着耐热 DNA 连接酶的发现,LCR 在 DNA 胞外拼装的应用中变得更加简单易行,可以拼装的 DNA 序列变得更长。

连接酶链式反应是基于耐热 DNA 连接酶的拼装方法,它作用于寡核苷酸链(图 5-1)。DNA 连接酶将含有 5′ 磷酸化修饰的寡核苷酸片段首尾相连,进行 DNA 片段的快速拼装。详细步骤如下:加入互补且 5′ 磷酸化修饰的寡核苷酸片段和耐热 DNA 连接酶,将寡核苷酸片段在 95 ℃ 下孵育 1 分钟,寡核苷酸链变性、解链。将反应体系降到退火温度(55 ℃),孵育 1 分钟,使末端互补的寡核苷酸链形成碱基互补配对。将反应温度升至 70 ℃,用 DNA 连接酶连接相邻寡核苷酸;升温至 95 ℃,孵育 30 秒,进行 15 次循环(55 ℃ 1.5 分钟,70 ℃ 1.5 分钟,95 ℃ 30 秒)。降温至 55 ℃,孵育 2 分钟,在 70 ℃ 孵育 2 分钟,得到 LCR 反应产物。最后利用两端引物进行 PCR 反应,得到完整的双链目的基因。

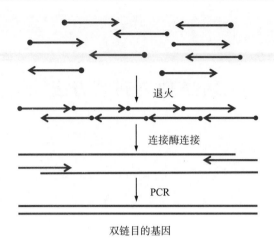

图5-1　LCR法的拼装原理

退火是在低于T_m温度时，DNA模板与引物之间通过互补配对形成双链的过程。引物浓度高于模板浓度，长度较短，通常为几十个碱基的寡核苷酸，使引物与模板配对的速度远快于模板自身形成双链的速度。

但LCR反应后的产物不纯，存在拖带现象，需要进行纯化。LCR法连接的寡核苷酸片段的5′端需要磷酸化修饰，设计的寡核苷酸片段必须覆盖整个基因，且相同方向的寡核苷酸片段间不能有缺口，连接顺序依赖于退火后的互补配对。*Taq* DNA聚合酶可在高温（50～60℃）条件下修复双链DNA存在的缺口，且保持活性。只有当相邻两条寡核苷酸通过第三条"搭桥"寡核苷酸形成缺口时，连接才会发生（图5-2）。如此严谨的退火和连接条件，可以提高连接的准确性，从而提升拼装产物的保真性。LCR法拼装的DNA双链长度为0.1～10 kb，拼装能力比较有限。

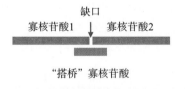

图5-2　具有缺口的寡核苷酸连接示意图

二、基于限制性核酸内切酶的拼装策略

20世纪70年代开始，科学家们通过限制性核酸内切酶和DNA连接酶进行基因克隆。对于DNA拼装来说，相邻片段可利用限制性内切酶产生的黏性末端进行拼装。BioBrick拼装法、iBrick拼装法、C-Brick拼装法和Golden Gate拼装法是典型的基于限制性内切酶的拼装策略。

（一）BioBrick 拼装法

限制性内切酶中存在一种特殊的酶，称为同尾酶，能够识别不同的核苷酸序列，通过酶切会产生相同的黏性末端。例如，*Xba* I 和 *Spe* I，它们识别的序列不同，但切割出来的黏性末端均为 CTAG 和 GATC。黏性末端连接后，便不再包含 *Xba* I 和 *Spe* I 的识别位点，因此利用同尾酶的拼装是单向的，黏性末端连接后，不能再被原有的限制性内切酶识别（图 5-3）。

Xba I 的酶切位点：　5′···TCTAGA···3′
　　　　　　　　　　3′···AGATCT···5′

Spe I 的酶切位点：　5′···ACTAGT···3′
　　　　　　　　　　3′···TGATCA···5′

图 5-3　*Xba* I、*Spe* I 酶切位点

BioBrick 是利用同尾酶性质进行拼装的方法。每个 DNA 元件上游与 *Eco*R I 和 *Xba* I 的酶切位点相邻，下游与 *Spe* I 和 *Pst* I 酶切位点相邻。用 *Eco*R I 和 *Spe* I 对第一个载体进行切割，将红色 DNA 元件切割下来，再用 *Eco*R I 和 *Pst* I 对第二个载体切割，产生缺口。*Xba* I 和 *Spe* I 是一对同尾酶，所以利用 DNA 连接酶（T4 DNA 连接酶）可以将 *Spe* I 和 *Xba* I 酶切后的黏性末端连接，从而实现两个 DNA 元件的拼装（图 5-4）。

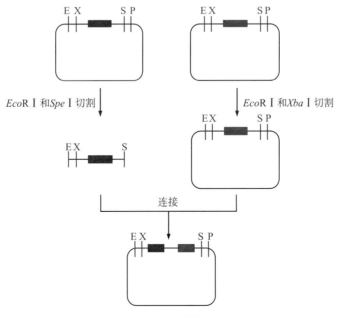

图 5-4　BioBrick 拼装法的步骤

　　当利用BioBrick拼装法拼装的DNA片段应用于蛋白质表达时，酶切位点留下的序列可能会产生诸多问题（图5-5）。在Spe Ⅰ识别序列的AC和CA处切割，Xba Ⅰ识别序列的TC和CT处切割，拼装后产生ATC序列。终止密码子有UAA、UAG、UGA三种，UAG的互补碱基是ATC，而ATC序列转录会形成终止子。两段DNA序列连接处留下编码终止密码子的瘢痕序列，会影响后续的转录翻译过程。

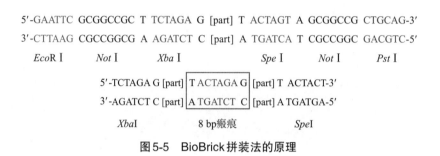

图5-5　BioBrick拼装法的原理

　　BioBrick法可以拼装的片段长度为10 ～ 100 kb。利用BioBrick法进行的拼装是单向的，同时，待拼装的片段中不能含有酶切序列，否则会导致误切，影响待拼装片段的完整性。连接后的序列不能再用原有的同尾酶切割，因此可以设计多轮连接来实现DNA片段的拼装。

　　研究者们找到一种可以解决BioBrick缺陷的方法（图5-6），称为BglBrick法。这种方法用Bgl Ⅱ和BamH Ⅰ替代Xba Ⅰ和Spe Ⅰ，Bgl Ⅱ和BamH Ⅰ是一对同尾酶，Bgl Ⅱ在GA和AG处切割，BamH Ⅰ在GG处切割，切割的末端经过连接后产生的瘢痕序列（GGATCT）可以编码对大多数融合蛋白无影响的"甘氨酸-丝氨酸"。

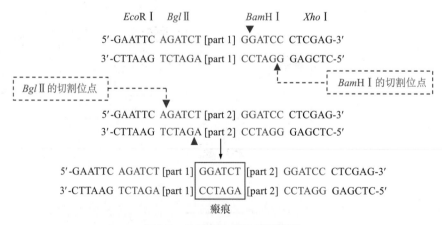

图5-6　BglBrick法的拼装原理

（二）iBrick 拼装法

iBrick 拼装法利用归位内切酶，这种酶的特点是能够识别较长的非回文序列（12～40 bp），由内含子编码的归位内切酶加前缀"I"，内含肽编码的内切酶加前缀"PI"。如图 5-7 所示，I-*Sce* I 切割黄色区域，PI-*Psp* I 切割灰色区域，然后将灰色和黄色区域产生的黏性末端连接，拼装成 DNA 目的片段。

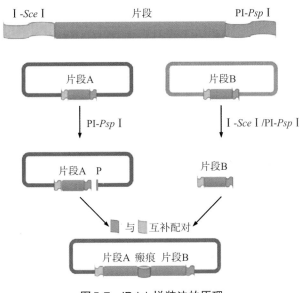

图 5-7　iBrick 拼装法的原理

归位内切酶识别的序列较长，并且比较稀有，因此在待拼装的目的片段中存在相同序列的概率很小，可以有效避免拼装片段中出现相同的酶切位点。但是将目的片段拼装后会产生多余序列，并且连接后会在拼装的片段间留下较长的间隔序列。

（三）C-Brick 拼装法

C-Brick 拼装法是借助于 CRISPR 系统的 Cpf1 蛋白进行拼装的方法（图 5-8）。2013 年开始，通过生物信息学的分析人们发现了另外一种 Class 2 类型的 CRISPR 系统，这种假定的 type V 的系统包含 1 个约 1300 个氨基酸的大蛋白，被称为 Cpf1。2015 年，科学家研究发现，Cpf1 与 Cas9 一样都是 RNA 介导的 DNA 内切酶，但在许多特性上又不同于 Cas9 蛋白。首先，Cpf1 只需要 crRNA（CRISPR RNA）即可引导切割，而不需要反式激活 RNA（tracrRNA）；它识别的 PAM 是富含 T 的序列。另外，Cpf1 切割双链 DNA 后，留下 1 个 5′ 突出的黏性末端。C-Brick 拼装法利用基因编辑技术切割 dsDNA，该技术通过加入预先设计的 crRNA 片段进行定位，引导 Cpf1 蛋白切割目标 DNA 片段中 PAM 下游的序列，产生 5 nt 的黏性末端。

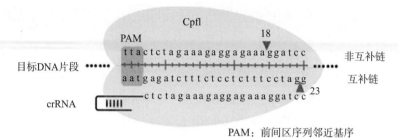

图5-8　C-Brick拼装法的原理

C-Brick拼装法可以直接通过crRNA实现定位，识别序列长，避免在拼装片段两端引入酶切识别序列。

（四）Golden Gate拼装法

除同尾酶和归位内切酶之外，还存在一类ⅡS型限制性内切酶。与普通的Ⅱ型限制性内切酶相比，这种酶的识别位点和切割位点不在同一个位置，可以根据需要来放置内切酶的识别位点，产生所需的黏性末端，用于多片段的无缝拼装。

2008年，Engler设计出Golden Gate拼装法，可以在一个反应体系中实现多个片段的高效无缝拼装。

Golden Gate拼装法利用ⅡS型限制性内切酶BsaⅠ在识别位点的相邻位置进行切割的特性，通过设计不同的相邻序列，利用同种限制性内切酶对N1和N5位置的序列进行酶切，以产生不同的黏性末端，从而一次拼装多个片段。该方法能够克服传统多片段拼装时限制性内切酶种类的限制。

首先，化学法合成片段A、B，用PCR在片段的两端扩增出BsaⅠ的识别序列，同时在识别序列的内侧加上不同的4 bp的序列用于酶切，相邻片段衔接处的4 bp序列相同。然后将片段A、B与含有2个BsaⅠ酶切位点的载体混合，加入BsaⅠ和T4 DNA连接酶，同时进行酶切和酶连。经BsaⅠ酶切处理后，相邻片段A、B产生可用于连接的黏性末端，而载体与片段A、B也分别产生互补的黏性末端，再经过T4 DNA连接酶连接，就可以完成拼装（图5-9）。拼装完成后可采用琼脂糖凝胶电泳对DNA进行分析，筛选出拼装成功的目的基因。

Golden Gate拼装法可利用4 bp的序列形成256种互补区域，用于多片段的拼装。该方法操作简便，但仍受限于DNA中广泛存在的酶切位点。而且该方法产生的黏性末端长度有限（4 bp），难以支持更大片段的连接。

因此，基于限制性核酸内切酶的方法在DNA片段拼装方面的应用相对有限，指定的限制性内切酶位点的出现随着片段的增长而增加，需要通过位点定向诱变或从头合成来去除。同时，当进行多个DNA片段拼装时，有时很难找到合适的酶切位点，且连接片段会残留几个碱基，产生多余序列，因此具有一定的局限性。

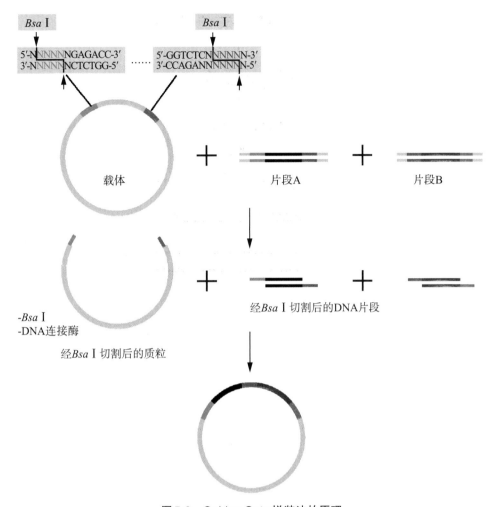

图5-9　Golden Gate拼装法的原理

三、基于末端互补序列的聚合酶拼装策略

为解决内切酶和DNA连接酶难以找到酶切位点和酶价格昂贵的问题，研究人员开发了末端互补序列的聚合酶拼装策略，将DNA片段进行连接。

（一）聚合酶逐级拼装法

聚合酶逐级拼装（polymerase cycling assembly，PCA）是基于PCR原理的方法（图5-10）。设计末端互补的寡核苷酸片段，覆盖目的基因的全部序列。拼装时，具有互补末端的寡核苷酸互为引物和模板，在嗜热性DNA聚合酶的作用下，经过退火、延伸组成更长的双链DNA，再与其他寡核苷酸片段或延伸产物变性、退火，利用互补末端部分继续延伸并循环，逐步实现寡核苷酸片段的拼装。

2003年，Smith将LCR与PCA方法结合（图5-11），合成噬菌体φX174（5386 bp）基因组全长序列。

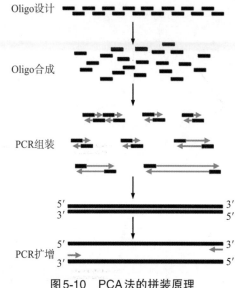

Oligo设计

Oligo合成

PCR组装

PCR扩增

图5-10　PCA法的拼装原理

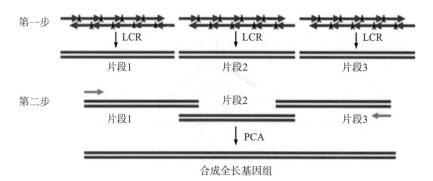

第一步

片段1　　　　　　　片段2　　　　　　　片段3

第二步

片段1　　　　　　片段2　　　　　　片段3

合成全长基因组

图5-11　噬菌体φX174基因组的合成步骤

　　PCA使用Pfu DNA聚合酶作为嗜热DNA聚合酶，该酶是一种来源于嗜热菌 *Pyrococcus furiosus* 的高度热稳定DNA聚合酶。Pfu聚合酶同时具有5′→3′聚合酶活性和3′→5′核酸外切酶活性。5′→3′聚合酶活性是从5′端向3′端合成新链，新合成的链与模板链互补配对；3′→5′外切酶活性是从5′游离磷酸基团逐一水解核苷酸链，具有校正作用，当加入的核苷酸与模板不互补而游离时，会被3′→5′外切酶切除。聚合反应中使用Pfu聚合酶可以纠正错误掺入的碱基，准确性极高。体外聚合酶逐级拼装时，使用Pfu聚合酶可以高保真地扩增DNA片段，碱基出错率为10^{-6}。Pfu聚合酶的效率比 *Taq* 聚合酶低，一般来说，扩增1 kb的DNA时，每个循环需要1～2分钟。

　　Taq DNA聚合酶是第一个被发现的热稳定DNA聚合酶，分子量为65 kDa，由Saiki从温泉中分离的一株水生嗜热杆菌（*Thermus aquaticus*）中提取获得。*Taq* 聚合酶具有5′→3′聚合酶活性，是扩增效率最高的耐热DNA聚合酶，每分钟可以扩增1000～2000 bp。*Taq* 聚合酶不具备3′→5′外切酶活性，保真度比Pfu聚合酶差，碱基出错率为10^{-5}。

PCA采用互补末端的引物，使PCR产物形成相互重叠的链，在随后的扩增反应中通过互补末端序列的延伸，拼装不同来源的扩增片段。不需要限制酶和连接酶，依赖末端重复序列实现不同序列的连接。PCA法操作简单快速，可以将人工合成的寡核苷酸拼装成0.1 ~ 10 kb的DNA片段，但与其他拼装方法相比，合成的DNA片段长度有限。

（二）重叠延伸PCR

重叠延伸PCR（overlap extension PCR，OE-PCR）可以人为设计末端互补的引物，利用两端引物进行PCR扩增，使片段1和片段2产生相同的序列。反应不能一次性完成，合成具有重叠序列的片段后，需要再次加热，使其变性、退火形成末端互补的单链。利用两端的引物在DNA聚合酶的作用下进行延伸，形成完整的双链DNA（图5-12）。

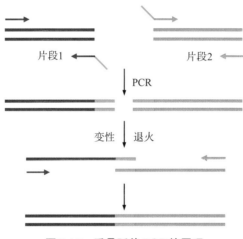

图5-12　重叠延伸PCR的原理

OE-PCR法中引物的设计对反应的成功起决定性作用。OE-PCR法的序列依赖性很低，仅依赖于末端互补序列，而合成效率依赖DNA聚合酶的效率，难以实现大片段的拼装，可以拼装的片段长度为0.1 ~ 10 kb。当序列高度重复时，容易产生错配，G＋C含量较高时，T_m较大，加热变性时容易使DNA双链解旋不完全，影响DNA片段的延伸，降低扩增的准确率。

（三）环形聚合酶延伸法

环形聚合酶延伸法（circular polymerase extension cloning，CPEC）是基于PCR的连接方法，原理与OE-PCR类似（图5-13）。CPEC利用末端互补的引物，在双链DNA和载体末端产生重叠序列，退火后得到具有重叠末端的单链产物，在DNA聚合酶的作用下进行延伸得到环状载体。但第四步的拼装不完全，载体连接后存在缺口，可以将它转化进入大肠杆菌，利用大肠杆菌体内的修复系统将缺口连接，得到完整的环状双链目的片段。

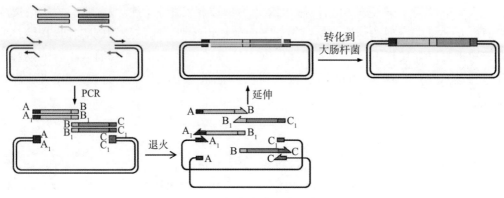

图 5-13 环形聚合酶延伸法的原理

（四）SLiC 拼装法

SLiC 拼装法（sequence and ligase-independent cloning，SLiC）是不依赖于序列和连接反应的拼装方法。T4 DNA 聚合酶在无 dNTPs 存在时发挥 3′→5′核酸外切酶活性。SLiC 拼装法利用 T4 DNA 聚合酶将 DNA 片段消化，产生含有末端重叠序列的5′黏性末端，DNA 片段之间或 DNA 与载体之间依靠重叠序列退火，形成环状中间体，转化到大肠杆菌感受态细胞，利用大肠杆菌本身的修复系统组成完整的环状重组质粒（图 5-14）。其中 RecA 蛋白的功能与退火相同，在 DNA 浓度低时比退火过程更高效。

SLiC 拼接法无须考虑插入 DNA 片段本身的序列和连接酶，可以实现多个 DNA 片段的一次性拼装，是构建生物合成途径的有效技术。SLiC 只需要 T4 DNA 聚合酶，即可获得较长的双链互补区，适宜大片段和多片段 DNA 的拼装。

SLiCE 拼装法利用大肠杆菌细胞提取物作为反应体系，无须使用额外的聚合酶和DNA 连接酶。

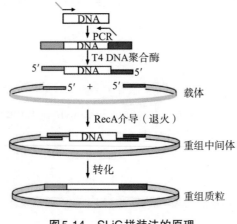

图 5-14 SLiC 拼装法的原理

四、Gibson拼装法

基于同尾酶和ⅡS型限制性内切酶的连接法，产生黏性末端的碱基数是有限的，难以支持更大片段的连接。在体外的DNA片段拼装，其核心在于单链重叠区的产生和利用。

在2009年，Gibson提出依赖重叠序列、核酸外切酶、聚合酶和连接酶的Gibson拼装法，克服了内切酶产生黏性末端长度不足的缺陷。首先利用化学法合成待拼装的两个DNA，用PCR在DNA片段的两端扩增出不同序列，长度通常为15～20 bp，相邻片段连接处的序列相同，将这些DNA片段和含有3种酶的混合溶液在50 ℃下孵育1小时（图5-15）。Gibson拼装法中载体与目的片段的用量一般是：50～100 ng载体加入2～3倍的插入片段，如果插入片段小于200 bp，则加入5倍的插入片段。

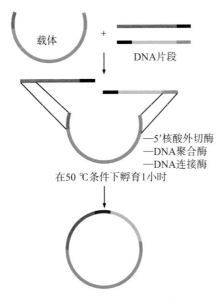

图5-15　Gibson拼装法的步骤

Gibson拼装法中两个相邻的DNA片段具有末端重叠序列，反应中使用的T5核酸外切酶具有5′→3′核酸外切酶活性，能够从5′端开始对DNA进行消化，产生长的黏性末端，与另外互补的黏性末端配对结合。单链DNA的末端互补序列在50 ℃时退火，T5核酸外切酶逐渐失活，保证形成一定长度的单链。在Phusion DNA聚合酶的作用下，利用末端互补序列进行延伸，用*Taq*连接酶修复缺口，形成完整的DNA分子，实现无缝拼接（图5-16）。T5核酸外切酶的最佳反应温度为37 ℃，50 ℃起始时活性会慢慢丧失，保证产生长度可控的末端互补单链。

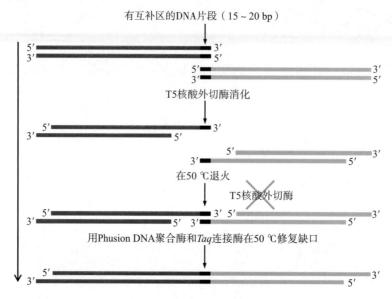

有互补区的DNA片段（15~20 bp）

T5核酸外切酶消化

在50 ℃退火

T5核酸外切酶

用Phusion DNA聚合酶和*Taq*连接酶在50 ℃修复缺口

图5-16　Gibson拼装法的原理

　　T5核酸外切酶从5′端切割DNA链，沿5′→3′方向降解DNA，可以完全破坏小于250 bp的核酸片段，将片段利用OE-PCR延长到250 bp以上才能利用Gibson拼装法。Phusion DNA聚合酶可以补平片段间的缺口，合成能力是*Taq*聚合酶的2倍，保真度是Pfu聚合酶的6倍。*Taq* DNA连接酶可以连接DNA片段，形成双链DNA分子，催化连接的核酸链需完全配对，错配产生的概率较小。

　　Gibson拼装法的优势在于3种酶都可以在相同温度下发挥功能，一步完成无缝拼装，成功率非常高，拼装尺度十分可观，不仅适用于以寡核苷酸链为起始的DNA合成，也适用于长DNA片段，甚至是基因组的构建。不需要特定的限制性内切酶位点，几乎可以连接任意两种序列，步骤简单，能够同时连接多个片段。Gibson拼装法的引物设计没有考虑错配或发夹结构等，仅按照固定长度设计，对DNA序列的二级结构要求很低。

　　随着拼装DNA片段的增多，Gibson拼装法的效率和正确率会降低，需要的重叠序列较长，酶的造价较高，引物合成费用较高。Gibson能拼装的最大片段长度尚不确定，但已经能成功拼装900 kb的片段。

　　Gibson等在2天内用Gibson拼装法将75条284 bp的DNA片段拼装成16.5 kb的老鼠线粒体基因组。他们以600条具有20 bp重叠区域的60 bp寡核苷酸链为起始，8条寡核苷酸链为一组，合成了75条284 bp的DNA小片段。测序正确后以5条DNA小片段为一组，合成15条1.2 kb的DNA片段。以PCR扩增后5条为一组，合成3条5.6 kb的DNA大片段。PCR扩增后，3条DNA大片段拼装合成16.5 kb的线粒体基因组，包括221 bp的重复序列，插入的线粒体基因组经酶切（*Pml* I）释放后，环化得到天然的老鼠线粒体基因组（图5-17）。

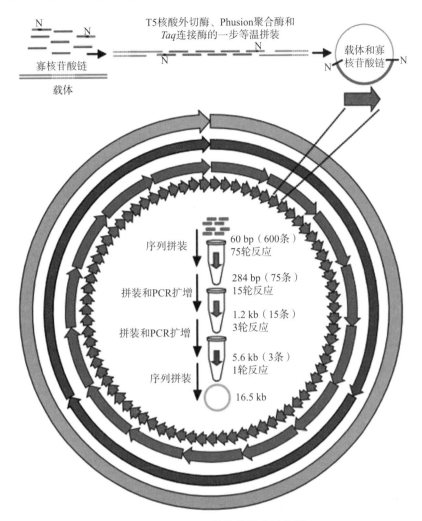

图 5-17   Gibson 拼装法的应用步骤

作为基因合成的关键技术——DNA 胞外拼装顺应时代的潮流，越来越趋于高效化和多样化。合成的 DNA 片段长度由原来的几十、几百 bp 发展到几十万 bp。每种 DNA 拼装方法在发挥其自身优势的同时，存在或多或少的不足，不同的拼装技术表现出不同的适用性（表 5-1）。

表 5-1   典型的 DNA 胞外拼装技术的比较

拼装方法	优势	不足	合成片段长度（kb）
BioBrick	高效	序列依赖性，有多余序列	10～100
Golden Gate	有序、高效，可用于多片段拼装	序列依赖性	10～100
LCR	无序列依赖性，正确率高	寡核苷酸序列覆盖整个目的基因，5'端需要磷酸化修饰	0.1～10

拼装方法	优势	不足	合成片段长度（kb）
PCA	无序列依赖性，允许相邻片段间存在间隙	依赖酶的效率，难以解决复杂结构或重复序列	0.1～10
OE-PCR	无序列依赖性	依赖酶的效率，难以解决复杂结构或重复序列	0.1～10
CPEC	简单、高效，无序列依赖性	依赖酶的效率，需要进行载体的构建	0.1～10
Gibson	无序列依赖性，高效	合成费用高	10～900

五、DNA拼装中纠错

胞外DNA拼装法是将寡核苷酸链进行连接，然而纯化后的寡核苷酸不能保证百分之百正确，错误的寡核苷酸在拼装过程中不断累积，在拼装中也会出现额外的损伤，如热循环损伤和聚合酶效率低等。这些因素最终会导致拼装、转化或表达失败。因此，拼装方法的选择与控制非常重要。

对于较小规模的基因合成，有聚合酶链式反应（polymerase chain reaction，PCR）和连接酶链式反应（ligase chain reaction，LCR）两种方式，因为操作方便、引物设计难度小而被广泛应用。在此基础上发展了TBIO（thermodynamically balanced inside-out）法，这种方法合成的突变率低（0%～0.3%）但合成长度有限（<1 kb）。

而对于较大规模的片段合成常选用拼装方式，有基于限制性内切酶的拼装方法，如BioBrick、BglBrick、C-Brick等，也有减少瘢痕序列及合成元件中酶切位点不良影响的Golden Gate和MASTER（methylation-assisted tailorable ends rational）方法。随着PCR技术的大力发展，基于重叠序列的拼装方法，如Gibson、SLiCE（seamless ligation cloning extract）、CEPC（circular polymerase extension cloning）等可以快速无缝拼装更大片段且无须考虑拼装片段内部酶切位点限制。虽然拼装技术在不断完善，但是目前对于短序列、重复序列和易形成二级结构序列的拼装效率仍旧不高。

胞外拼装方法不可避免地要用到DNA合成酶及热循环。运用高保真酶进行酶组装可避免大部分拼装中引入的错误。

六、DNA拼装后纠错

经过纯化后的寡核苷酸选择适当的拼装方法进行拼装能够大大提高拼装效率，但在后续测序验证中发现仍有不少错误序列。这些错误可能来源于寡核苷酸本身、寡核苷酸序列错误杂合、聚合酶引入以及热循环损伤等。此外，拼装后DNA序列错误率随合成长度增加而提高，加大了纠错难度。

单克隆测序和功能筛选是选择正确拼装片段的经典方法。随着构建的DNA片段越来越长，多次克隆测序的成本也随之增高，且操作费时、不便捷。功能筛选适合于检测使阅读框移位或蛋白功能丧失的错误，不能辨别沉默或保守突变。下面将介绍目前所用纠错试剂及方法。

（一）错配结合蛋白MutS

错配修复系统MutHLS中MutS蛋白可以特异性地识别并结合所有单碱基错配及1～4个插入或缺失错误。由于具有独特的识别能力和温和的结合条件，MutS蛋白可作为有效的纠错试剂。对于错误较少的PCR产物，MutS蛋白可直接结合过滤含错配的异源双链，从而富集完全正确的产物，进行两轮过滤后合成产物的错误率可低至每10 000 bp有1个错误；对于错误较多的PCR产物，可先用核酸内切酶切割成多个重叠小片段，再利用MutS蛋白结合过滤，收集正确的小片段进行一轮修复PCR，合成完整的正确双链，进行两轮过滤后合成产物的错误率可低至每3500 bp有1个错误（图5-18）。应用MutS液相纠错虽然灵敏快速，但不如固相化纠错操作简单，效率高。固定化MutS纤维素柱有效地降低了未预先纯化的微芯片合成寡核苷酸错误率，合成基因的错误率由14.25/kb降低至0.53/kb。

多项研究发现MutS蛋白识别错配具有偏向性，比如C-C错配不易被MutS识别

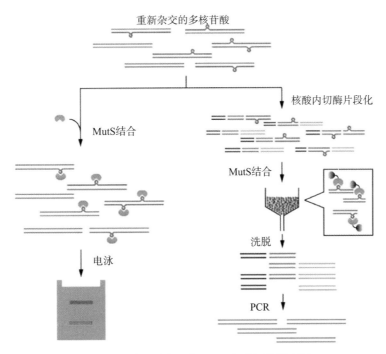

图5-18　错配结合蛋白MutS去除误差原理图

结合，研究者认为这种错配的修复不依赖于MutS蛋白。MutS蛋白结合错配能力与MutS蛋白的来源、错配类型、侧翼序列和结合错配时的构象变化等因素都有重要关系。

（二）错配切割酶

错配切割酶是一类可以特异性识别切割错配碱基的错配特异性核酸内切酶，包括DNA分解酶、S1-P1核酸酶和MutHLS。错配切割酶识别切割错配位置的DNA链，然后利用3′→5′核酸外切酶活性切除游离部分的序列，最后利用片段间的重叠区进行重叠延伸PCR，形成完整的双链DNA（图5-19）。

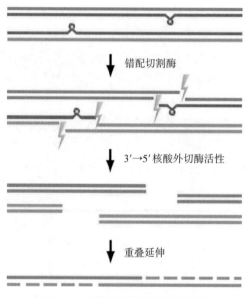

图5-19　错配切割酶纠错原理图

1. DNA分解酶　T7 Endonuclease Ⅰ和T4 Endonuclease Ⅶ是错配特异性裂解酶的典型代表，它们能识别结合错误的DNA结构并产生切割作用，其切割活性往往受到多因素影响，如DNA结构、突变位置和二价金属离子等。

T4 Endonuclease Ⅶ适合AT富含区错误的去除，能有效修复含多个连续不匹配核苷酸的核苷酸链，对于分支DNA、碱基错配、异双链环以及庞大加合物等DNA二级结构错误可特异性切割。T4 Endonuclease Ⅶ的错配碱基偏好性不明显。

T7 Endonuclease Ⅰ在近年来的DNA突变检测与酶纠正技术中应用广泛。良好的错配识别能力使它在众多错配切割酶中脱颖而出。T7 Endonuclease Ⅰ融合蛋白在纠正合成编码绿色荧光蛋白基因错误时取得明显效果，错误率可低至每一千个碱基对有0.43个错误。而且T7 Endonuclease Ⅰ融合蛋白具有更高的校正酶活性，T7 Endonuclease Ⅰ融合蛋白具有的45 kDa MBP（maltose binding protein）标签可改善折叠并为相关的核酸酶结构域提供进一步的稳定性。

2. S1-P1 核酸酶　S1-P1 核酸酶广泛存在于细菌、动物寄生虫、真菌和植物中，它具有单链特异性、核苷酸非特异性、催化条件广泛和稳定性高的优势，在生物技术及医学治疗中有着重要应用。研究者们发现来源于植物的 S1-P1 核酸酶对双链 DNA 和某些结构的 RNA 均具有很强的活性。

来自芹菜 CEL 核酸酶家族的 CEL Ⅰ（现已开发成商品化酶 Surveyor）是一类错配切割酶，在中性 pH 中可以被二价离子（如镁离子）刺激，在碱基取代错配和 DNA 畸变的位点以高度特异性切割 DNA。它可以识别所有单碱基错配和插入缺失错误，在识别错配上有一定偏好性，如最易识别 CC 错配，但识别 TT 错配的能力较差，检测突变的灵敏性稍高于 T7 Endonuclease Ⅰ。用 CEL Ⅰ 酶处理合成 DNA，错误率可低至每 1700 ~ 2000 bp 中有 1 个错误。但当原始底物错误太多时，凝胶回收不出全长 DNA。针对这一问题，研究人员提出可以用缩短第一轮 CEL 酶处理时间的方法保留更多全长 DNA，再进行第二轮酶处理和 DNA 回收。使用 CEL 酶进行迭代纠错能显著提高合成基因的质量，即便是对于错误率更高的芯片合成寡核苷酸拼装的 DNA，两轮纠错处理也可使错误率降低 16 倍，达到每 8700 bp 有一个错误。

3. MutHLS　MutHLS 是一种细菌错配修复系统，识别未甲基化 d（GATC）序列，可以处理大部分的 PCR 产物突变，但处理 C-C 错配效果差。这种错配修复系统中，MutS 是一种特异性识别错配的蛋白，MutL 是一种辅助 DNA-蛋白复合物，它可以牢固结合在 DNA 链上，并激活 MutH 的切割活性。但是利用此种方法修复存在一个问题：出现错误的位置附近要有可识别的未甲基化 d（GATC）位点，否则就需要人工设计识别位点，但在正常合成过程中错误位置是随机的，所以这种方法不具有广泛适用性。

（三）定点诱变技术

定点诱变技术是依赖于 PCR 的特殊引物扩增技术。首先选定目标序列，根据目标序列设计一对含突变位点的互补引物，利用这一对互补引物扩增目标序列，从而得到定点诱变的序列。这种方法用于纠错时，首先需要对合成 DNA 测序，获知突变位点，根据突变位点设计校正引物后进行扩增，再进行一轮克隆测序验证合成 DNA 是否完全正确。此方法的不足是比较烦琐费时，成本高。

DNA 合成错误不可避免，降低错误率提高合成 DNA 质量有利于大规模自动化 DNA 合成技术的发展。但目前 DNA 纠错技术研究体系不完全，纠错技术的应用不广泛。人们更倾向于质控片段即多轮克隆筛选正确序列，但随之而来的人力物力成本均会上升。解决纠错技术操作复杂与试剂成本高的问题，推进纠错技术的应用才是促进 DNA 合成技术发展的长远之道。

参 考 文 献

［1］黄鹏伟，龚大春，戴传超，等. 2018. 基因组装技术在合成生物学中的应用. 微生物学通报，45

（6）：1358-1368.

［2］李诗渊，赵国屏，王金．2017．合成生物学技术的研究进展——DNA合成、组装与基因组编辑．生物工程学报，33（3）：343-360.

［3］卢俊南，罗周卿，姜双英，等．2018．DNA的合成、组装及转移技术．中国科学院院刊,33(11)：1174-1183.

［4］赵鹃，王霞，李炳志，等．2013．合成生物学中的DNA组装技术．生命科学，25（10）：983-992.

［5］Anderson J C, Dueber J E, Leguia M, et al. 2010. BglBricks: A flexible standard for biological part assembly. Journal of Biological Engineering, 4（1）：1.

［6］Au L C, Yang F Y, Yang W J. 1998. Gene synthesis by a LCR-based approach: High-level production of leptin-L54 using synthetic gene in *Escherichia coli*. Biochemical and Biophysical Research Communications, 248（1）：200-203.

［7］Binkowski B F, Richmond K E, Kaysen J, et al. 2005. Correcting errors in synthetic DNA through consensus shuffling. Nucleic Acids Research, 33（6）：e55.

［8］Brown J, Brown T, Fox K R. 2001. Affinity of mismatch-binding protein MutS for heteroduplexes containing different mismatches. The Biochemical Journal, 354（Pt 3）：627-633.

［9］Carey M F, Peterson C L, Smale S T. 2013. PCR-mediated site-directed mutagenesis. Cold Spring Harbor Protocols, 2013（8）：738-742.

［10］Carr P A, Park J S, Lee Y J. 2004. Protein-mediated error correction for de novo DNA synthesis. Nucleic Acids Research, 32（20）：e162.

［11］Caruthers M H. 2013. The chemical synthesis of DNA/RNA: our gift to science. The Journal of Biological Chemistry, 288（2）：1420-1427.

［12］Casini A, Storch M, Baldwin G S, et al. 2015. Bricks and blueprints: methods and standards for DNA assembly. Nature Reviews Molecular Cell Biology, 16（9）：568-576.

［13］Cobb R E, Ning J C, Zhao H M. 2014. DNA assembly techniques for next-generation combinatorial biosynthesis of natural products. Journal of Industrial Microbiology & Biotechnology, 41（2）：469-477.

［14］De Kok S, Stanton L H, Slaby T, et al. 2014. Rapid and reliable dna assembly via ligase cycling reaction. ACS Synthetic Biology, 3（2）：97-106.

［15］Dickie P, Mcfadden G, Morgan A R. 1987. The site-specific cleavage of synthetic Holliday junction analogs and related branched DNA structures by bacteriophage T7 endonuclease I. The Journal of Biological Chemistry, 262（30）：14826-14836.

［16］Duckett D R, Giraud-Panis M J, Lilley D M. 1995. Binding of the junction-resolving enzyme bacteriophage T7 endonuclease Ⅰ to DNA: separation of binding and catalysis by mutation. Journal of Molecular Biology, 246（1）：95-107.

［17］Ellis T, Adie T, Baldwin G S. 2011. DNA assembly for synthetic biology: from parts to pathways and beyond. Integrative Biology, 3（2）：109-118.

［18］Engler C, Kandzia R, Marillonnet S. 2008. A one pot, one step, precision cloning method with high throughput capability. PLoS One, 3（11）：e3647.

［19］Freeman A D, Declais A C, Lilley D M. 2003. Metal ion binding in the active site of the junction-resolving enzyme T7 endonuclease Ⅰ in the presence and in the absence of DNA. Journal of Molecular Biology，333（1）：59-73.

［20］Gibson D G，Smith H O，Hutchison C A，et al. 2010. Chemical synthesis of the mouse mitochondrial genome. Nature Methods，7（11）：901-903.

［21］Gibson D G，Young L，Chuang R-Y，et al. 2009. Enzymatic assembly of DNA molecules up to several hundred kilobases. Nature Methods，6（5）：343-345.

［22］Groothuizen F S，Fish A，Petoukhov M V，et al. 2013. Using stable MutS dimers and tetramers to quantitatively analyze DNA mismatch recognition and sliding clamp formation. Nucleic Acids Research，41（17）：8166-8181.

［23］Gupta N K，Ohtsuka E，Sgaramella V，et al. 1968. Studies on polynucleotides，88. Enzymatic joining of chemically synthesized segments corresponding to the gene for alanine-tRNA. Proceedings of the National Academy of Sciences of the United States of America，60（4）：1338-1344.

［24］Hughes R A，Miklos A E，Ellington A D. 2012. Enrichment of error-free synthetic DNA sequences by CEL I nuclease. Current Protocols in Molecular Biology，99（1）：3.24.1-3.24.10.

［25］Koval T，Dohnálek J. 2018. Characteristics and application of S1-P1 nucleases in biotechnology and medicine. Biotechnology Advances，36（3）：603-612.

［26］Lamers M H，Perrakis A，Enzlin J H，et al. 2000. The crystal structure of DNA mismatch repair protein MutS binding to a G x T mismatch. Nature，407（6805）：711-717.

［27］Lee D F，Lu J，Chang S，et al. 2016. Mapping DNA polymerase errors by single-molecule sequencing. Nucleic Acids Research，44（13）：e118.

［28］Li M Z，Elledge S J. 2012. SLIC：a method for sequence- and ligation-independent cloning. Methods in Molecular Biology（Clifton，N. J.），852：51-59.

［29］Li S Y，Zhao G P，Wang J. 2016. C-Brick：a New standard for assembly of biological parts using Cpf1. ACS Synthetic Biology，5（12）：1383-1388.

［30］Liu J K，Chen W H，Ren S X. 2014. iBrick：a new standard for iterative assembly of biological parts with homing endonucleases. PLoS One，9（10）：e110852.

［31］Mashal R D，Koontz J，Sklar J. 1995. Detection of mutations by cleavage of DNA heteroduplexes with bacteriophage resolvases. Nature Genetics，9（2）：177-183.

［32］Mcinerney P，Adams P，Hadi M Z. 2014. Error rate comparison during polymerase chain reaction by DNA polymerase. Molecular Biology International，2014：287430.

［33］Nakahara T，Zhang Q M，Hashiguchi K，et al. 2000. Identification of proteins of *Escherichia coli* and *Saccharomyces cerevisiae* that specifically bind to C/C mismatches in DNA. Nucleic Acids Research，28（13）：2551-2556.

［34］Picksley S M，Parsons C A，Kemper B，et al. 1990. Cleavage specificity of bacteriophage T4 endonuclease Ⅶ and bacteriophage T7 endonuclease I on synthetic branch migratable Holliday junctions. Journal of Molecular Biology，212（4）：723-735.

［35］Potapov V，Ong J L. 2017. Examining sources of error in PCR by single-molecule sequencing. PLoS One，12（1）：e0169774.

［36］Prodromou C，Pearl L H. 1992. Recursive PCR：a novel technique for total gene synthesis. Protein Engineering，5（8）：827-829.

［37］Quan J Y，Tian J D HO PL. 2009. Circular polymerase extension cloning of complex gene libraries and pathways. PLoS One，4（7）：e6441.

［38］Schunder E，Rydzewski K，Grunow R，et al. 2013. First indication for a functional CRISPR/ Cas system in *Francisella tularensis*. International Journal of Medical Microbiology，303（2）： 51-60.

［39］Sequeira A F，Guerreiro C I，Vincentelli R. 2016. T7 endonuclease I mediates error correction in artificial gene synthesis. Molecular Biotechnology，58（8-9）：573-584.

［40］Shcherbakov V P. 2012. Mismatch repair in recombination of bacteriophage T4. Biomolecular Concepts，3（6）：523-534.

［41］Shetty R P，Endy D，Knight T F. 2008. Engineering BioBrick vectors from BioBrick parts. Journal of Biological Engineering，2：5.

［42］Smith H O，Hutchison C A，Pfannkoch C，et al. 2003. Generating a synthetic genome by whole genome assembly：phi X174 bacteriophage from synthetic oligonucleotides. Proceedings of the National Academy of Sciences of the United States of America，100（26）：15440-15445.

［43］Smith J，Modrich P. 1997. Removal of polymerase-produced mutant sequences from PCR products. Proceedings of the National Academy of Sciences of the United States of America，94（13）： 6847-6850.

［44］Stanislawska-Sachadyn A，Sachadyn P. 2005. MutS as a tool for mutation detection. Acta Biochimica Polonica，52（3）：575-583.

［45］Stemmer W P，Crameri A，Ha K D，et al. 1995. Single-step assembly of a gene and entire plasmid from large numbers of oligodeoxyribonucleotides. Gene，164（1）：49-53.

［46］Tachiki H，Kato R，Masui R，et al. 1998. Domain organization and functional analysis of *Thermus thermophilus* MutS protein. Nucleic Acids Research，26（18）：4153-4159.

［47］Tsuji T，Niida Y. 2008. Development of a simple and highly sensitive mutation screening system by enzyme mismatch cleavage with optimized conditions for standard laboratories. Electrophoresis，29（7）：1473-1483.

［48］Wagner R，Debbie P，Radman M. 1995. Mutation detection using immobilized mismatch binding protein（MutS）. Nucleic Acids Research，23（19）：3944-3948.

［49］Wan W，Lu M，Wang D，et al. 2017. High-fidelity de novo synthesis of pathways using microchip-synthesized oligonucleotides and general molecular biology equipment. Scientific Reports，7（1）：6119.

［50］Warrens A N，Jones M D，Lechler R I. 1997. Splicing by overlap extension by PCR using asymmetric amplification：an improved technique for the generation of hybrid proteins of immunological interest. Gene，186（1）：29-35.

［51］Xia Y Z，Xun L Y. 2017. Revised mechanism and improved efficiency of the quikchange site-directed mutagenesis method. Methods in Molecular Biology（Clifton，N. J.），1498：367-374.

［52］Yang B，Wen X，Kodali N S，et al. 2000. Purification，cloning，and characterization of the CEL I nuclease. Biochemistry，39（13）：3533-3541.

［53］Youil R，Kemper B W，Cotton R G. 1995. Screening for mutations by enzyme mismatch cleavage with T4 endonuclease VII. Proceedings of the National Academy of Sciences of the United States of America，92（1）：87-91.

［54］Zetsche B，Gootenberg J S，Abudayyeh O O，et al. 2016. Cpf1 is a single-RNA-guided endonuclease of a Class 2 CRISPR-Cas system. Transgenic Research，25（2）：207-207.

［55］Zhang Y，Werling U，Edelmann W. 2012. SLiCE：a novel bacterial cell extract-based DNA cloning method. Nucleic Acids Research，40（8）：e55.

第6章

胞内组装与转移

随着人工合成DNA的长度由单个基因向完整基因组的拓展，以及研究对象复杂性的提升，对长片段DNA（100 kb以上）的合成与组装提出了更高的要求。由于长片段DNA在体外操作时极易断裂，组装长片段DNA一般选择在细胞内进行。

胞内DNA组装通常依赖细胞的同源重组（homologous recombination）。同源重组发生在DNA的同源序列之间，是含有同源序列的DNA分子之间或内部重新组合的过程，也称为一般性重组。真核生物非姐妹染色单体及姐妹染色单体的交换，细菌及某些低等真核生物的转化和细菌的转导、接合都属于同源重组。同源重组在基因克隆、定点突变和基因敲除等分子生物学研究中具有广泛的应用。

常用于胞内长片段DNA组装的菌种有大肠杆菌和酿酒酵母。其中，酿酒酵母存在高效的同源重组机制，其两个DNA分子之间只要有一段15 bp的同源区段就可以进行准确、高效的同源重组。基于这两个菌种的同源重组系统的建立和深入研究，为合成真核生物染色体与构建大片段合成基因环路（如光合作用系统、生物固氮系统或神经环路等）奠定了坚实的基础。

一、大肠杆菌的胞内组装

（一）RecA重组系统

RecA重组系统是大肠杆菌中存在的天然重组系统。RecA重组系统由RecA蛋白和RecBCD蛋白组成（图6-1）。在大肠杆菌的同源重组过程中，RecA蛋白促进两个DNA分子之间的同源联合和置换。RecBCD是RecB、RecC和RecD蛋白组成的复合体，依赖ATP发挥解旋酶、核酸内切酶和核酸外切酶的作用。RecBCD与双链DNA分子

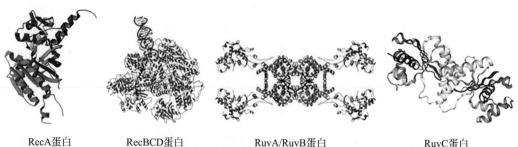

RecA蛋白　　　　RecBCD蛋白　　　　RuvA/RuvB蛋白　　　　RuvC蛋白

图6-1　RecA重组系统中的蛋白

末端结合，发挥解旋酶作用，使DNA双链解链形成单链；而后RecBCD既可以发挥内切酶作用将DNA切开，又能够发挥外切酶的作用产生黏性末端；最后由RecA蛋白催化进行同源重组。同时，大肠杆菌中的RuvA/RuvB蛋白促进同源重组过程中连接的移位，RuvC蛋白对同源重组连接进行剪切完成同源重组。在实际应用中，RecA重组系统需要有1 kb的同源序列才能发生同源重组，限制了其应用范围。

（二）Red/ET重组系统

1998年，科学家发展了一种更高效的大肠杆菌胞内重组系统——Red/ET重组系统。Red是指λ噬菌体的Redα、Redβ和Redγ蛋白组合，ET代表Rec噬菌体的RecE和RecT蛋白。与RecA重组机制不同，Red/ET同源重组系统避免了由RecA蛋白引起的基因重排和随机重组的问题，使其重组效率远高于RecA重组系统。

利用Red/ET同源重组系统开发的Red/ET同源重组技术，将一段与靶基因两侧都具有35～60 bp同源序列的DNA片段导入宿主菌中。利用噬菌体中Red/ET重组酶的性质，使导入细胞的线性DNA片段与靶基因所在的靶序列进行同源重组，靶基因被导入的DNA片段置换下来。利用这一技术实现胞内同源重组通常有两种途径：一种是构建含有RecE/RecT和Redα/Redβ/Redγ的诱导表达性依托质粒，通过共转染使依托质粒与受体和供体DNA分子共同进入同一细胞内，经诱导表达后即可发生重组反应；另一种是构建和筛选具有Red/ET重组功能的大肠杆菌菌株，再将待重组的DNA片段导入大肠杆菌细胞内（图6-2）。

Red/ET大肠杆菌重组系统中，Redα和RecE都具有5′→3′方向的核酸外切酶活性，从5′端切割双链DNA分子，产生3′突出末端。Redβ或RecT作为单链DNA结合蛋白结合到3′突出末端，一方面能够保护单链DNA末端不被细胞内的单链核酸酶降解，另一方面能介导外源单链DNA退火，导致DNA分子同源区域的复制和交换，从而发生重组。Redγ蛋白结合大肠杆菌自身的RecBCD复合蛋白，抑制RecBCD的核酸外切酶活性，防止宿主对外源线性DNA的降解。Red/ET重组系统的同源序列只要达到50 bp，就能实现片段与片段、片段与载体以及片段

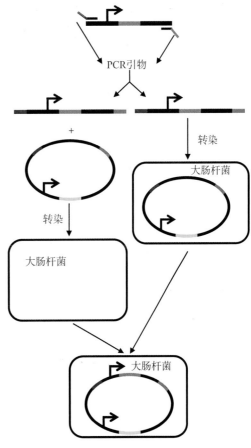

图6-2　Red/ET同源重组技术

与基因组之间的同源重组。

因为Red/ET大肠杆菌重组系统具有宿主易培养、易扩增和易进行分子操作的特点，所以该重组系统具有组装周期短和方便转移到其他表达宿主的优点，是在大肠杆菌中组装长片段DNA的有力工具。

二、酿酒酵母的胞内组装

酿酒酵母具有高效的DNA同源重组能力，在酿酒酵母中，15 bp的同源序列就可以介导同源重组的发生。当两端的同源序列为30 bp时，同源重组的效率可接近80%。与之相比，同为天然系统的大肠杆菌RecA重组系统所需要的同源序列的长度至少要1 kb。研究人员基于酿酒酵母这种高效的同源重组能力开发了一系列DNA胞内组装方法。

（一）酵母转化耦联重组技术

酵母转化耦联重组（transformation-associated recombination，TAR）理念提出后，由此发展的重组技术可以快速实现启动子库的构建、目标产物合成途径的构建甚至小长度基因组（如线粒体、叶绿体基因组）的构建。这种方法操作简便，不仅能够将较短的DNA片段组装成较长的DNA片段，还能够实现整个基因组的组装。

酿酒酵母TAR方法与大肠杆菌Rec/ET克隆方法相似，但利用的受体细胞不同。TAR方法首先要制备基因组DNA和与目标片段具有同源区的线性载体，将基因组DNA和线性质粒共同转化进入酿酒酵母细胞内，重组成含有目标DNA片段的重组载体，最后依据标记基因利用合适的筛选方法筛选阳性克隆（图6-3）。阳性克隆率通常在1%～5%。近年来，TAR方法得到了逐步改进，已发展成一种成熟的技术，并且应用到多个领

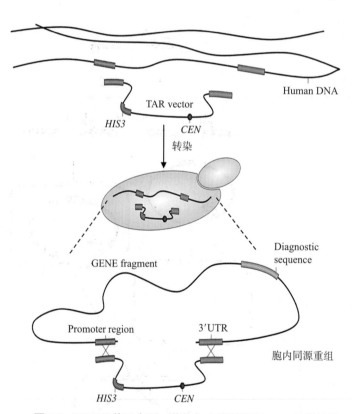

图6-3 TAR组装示意图：载体与人类基因组DNA片段被转化进入酵母原生质体，利用酵母的同源重组系统，载体人类基因组片段的同源序列之间发生重组，成为可以在酵母中复制、分离和选择的环状酵母人工染色体

域，它不仅能够直接克隆基因组中的长DNA片段，而且可以将几个含有同源区的宏基因文库质粒，重组成包含完整的生物合成基因的DNA片段。利用该方法，研究人员已经成功合成一些基因并表达了多种新的化合物，如BE-54017、糖肽类抗生素等。

但是TAR克隆仍有一些不足之处。TAR克隆只能用于克隆小于250 kb的DNA片段，大的片段容易断裂，因此要克隆大的片段必须探索降低DNA断裂的条件；当克隆区域富含重复序列时会导致TAR克隆不稳定，并且在酵母有丝分裂时容易发生片段缺失。最初的TAR法只能进行一个片段的组装，但经过改进后的TAR法可以像下文中的DNA Assembler法一样同时进行多个片段的组装。

（二）DNA Assembler

DNA Assembler方法也是基于酿酒酵母细胞内的同源重组机制而建立。DNA Assembler方法可以一步完成复杂生化途径的构建。这种方法开发后，研究人员还利用该方法在质粒和染色体上分别合成了3种不同功能的生化途径（9 ~ 19 kb），包括D-木糖代谢途径、玉米黄质的生物合成途径以及整合D-木糖合成的玉米黄质的生物合成途径。

DNA Assembler技术的核心，是去除位于目的基因前原有的、受到复杂代谢调控的启动子，替换成研究透彻且可诱导的组成型启动子。首先使用重叠延伸PCR法将启动子和目的基因连接成表达盒，然后将这些表达盒以及含有筛选标记的片段共转化进入酿酒酵母细胞内，酿酒酵母识别这些DNA片段在衔接处的同源序列，通过同源重组机制将其组装成一个完整的基因通路。

DNA Assembler体系中每个单独基因构建成由一个启动子、一个结构基因和一个终止子组成的表达盒，通过PCR扩增后用重叠延伸PCR法组装。第一个基因表达盒的5′末端与载体有一段重合序列或者与待整合进入的染色体上的特定位点有一段重合序列，而3′末端与第二个基因表达盒5′端有一段重合序列。在连续的表达盒两侧都有重叠区域，最后一个表达盒的3′末端与载体或待整合进入的染色体上的特定位点相重叠（图6-4）。将这些片段同时电转化进入一个酿酒酵母细胞中，利用酿酒酵母中高效的同源重组系统，这些具有重叠序列的片段和载体组装成一个完整的基因序列。当重叠序列大于40 bp时，同源重组效率较高（可达到70% ~ 100%）。

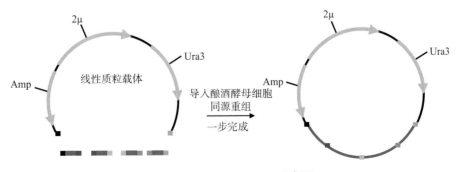

图6-4　DNA Assembler示意图

DNA Assembler 与 TAR 都利用了酿酒酵母细胞内可以自行发生同源重组的特性。两类方法原理相同，对于组装的基因片段都需要相应的同源序列。这两种方法既可以将基因片段组装到目的质粒上，也可将目的 DNA 片段整合至目的基因组上，均可实现天然产物合成基因簇的有效组装。

（三）CasHRA 技术

CasHRA（Cas9-facilitated homologous recombination assembly）技术是一种利用基因编辑技术与同源重组相结合的胞内拼装方法。由于几种体外和细胞内 DNA 组装都需要高纯度的线性 DNA 片段，比如 DNA Assembler 方法需要在体外制备线性片段表达盒，线性片段越大，制备越困难，阻碍了 100 kb 以上级别的 DNA 组装。CasHRA 可以利用 Cas9 蛋白直接在细胞内进行线性 DNA 片段的制备，避免了环状 DNA 质粒在体外进行线性化的大量操作，能直接在细胞内实现多个大片段的高效组装。

CasHRA 组装是在酿酒酵母中转入 pMet-Cas9 质粒，形成带有 Cas9 质粒的酿酒酵母菌株；用原生质体融合的方法，将用于下一轮组装的 2～3 个环状质粒转入到包含 pMet-Cas9 质粒的酿酒酵母细胞中。

首先，将 3 个大的环状质粒用原生质体融合的方法导入同一个酿酒酵母细胞中，通过不同的缺陷型培养基进行筛选培养。然后，将 pTrp-gRNA 质粒和线性化的克隆载体转入，启动切割和组装。一旦 pTrp-gRNA 质粒进入细胞，Cas9 系统迅速将环状质粒切割成为线性质粒，与线性化克隆载体通过高效的酵母内源性同源重组进行组装（图 6-5）。

组装后，pMet-Cas9 质粒包含着一个半乳糖诱导的小向导 RNA（sgRNA），该 sgRNA 直接靶向 pTrp-gRNA 质粒。当获得阳性克隆后，通过半乳糖诱导，Cas9 系统将 pTrp-gRNA 质粒切割成线性，线性片段无法成环且不稳定，导致其很快被降解消除，为下一轮的组装做准备。

（四）SwAP-In 技术

人工合成酵母基因组计划（Sc 2.0）的团队开发了一种称为 SwAP-In（switching auxotrophies progressively for integration）的标准化方法，用合成 DNA 片段逐步替代对应的天然染色体片段。在每个插入替代的步骤中，合成片段转化进入酵母细胞，利用同源重组交换出相应的天然染色体 DNA。为了保证染色体正常行使功能，还需要在染色体的两个末端用人工合成的通用端粒帽替代亚端粒和端粒（图 6-6）。

合成片段的序列信息通过计算将染色体进行"分段"得到。首先将染色体分成若干个 30～60 kb 的超大块（megachunks），然后将每个超大块划分为 15 个左右 10 kb 以内的小块（chunks）（图 6-6A），最后将每个小块拆分为 750 bp 的单元模块（building blocks）。在整条染色体合理"分段"设计的过程中，常需要大量的计算与优化。

根据设计的 DNA 片段序列，采用 SwAP-In 法能够逐步完成整条染色体的人工合成。首先将短的 DNA 单链分子合成单元模块，然后在体外组装成小块，然后将小块导

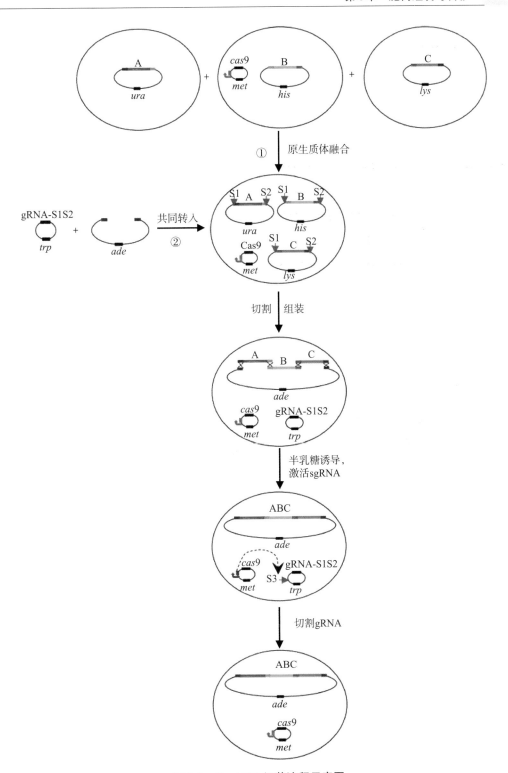

图6-5 CasHRA组装流程示意图

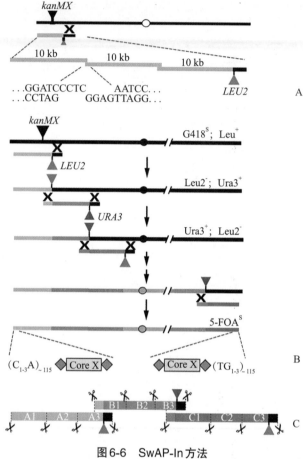

图6-6 SwAP-In方法

A.每个超大块由15个左右10 kb小块组成；B.将大块按顺序逐步替换野生染色体，虚线之间插入人工端粒帽；C.每个超大块右端的细节。彩色片段：人工合成片段；黑色片段：原生序列；彩色三角形：筛选标记

入酿酒酵母细胞内组装成超大块。每一个超大块都含有用于筛选的标记基因，这些超大块通过同源重组整合到酿酒酵母的野生染色体上。通过筛选标记和PCR测序，对成功替换合成片段的菌落进行筛选和验证。通过测试合成的酵母株系形成菌落的能力，证明酵母是否可以正常生存。

在实际操作中，首先用限制性内切酶将小块从质粒上切割下来，然后将一组小块整合进酿酒酵母细胞中组装成超大块，随后超大块将整合到酿酒酵母基因组中，代替相应的野生型片段。第一个和最后一个超大块末端具有"UTC"（通用端粒帽）序列。

每个超大块中最右边包含一个筛选标记。野生染色体的第一个大块部分插入一个*KanMX*标记基因，用来验证第一个大块是否替换成功。对于剩余的大块，研究人员选择*URA3*和*LEU2*两个标记（*URA3*：编码乳清苷5-磷酸脱羧酶，含有*URA3*的酵母在缺乏尿嘧啶的培养基中可以生长；*LEU2*：编码β-丙基苹果酸脱氢酶，影响亮氨酸合成，含有*LEU2*的酵母在缺乏亮氨酸的培养基中可以生长），通过在两个选择标记之间交替，可以将一系列超大块整合到酵母基因组中。每当引入新的超大块时，新的超大块与先前使用的标记同源重组，从而覆盖先前的标记（图6-6B）。例如，"超大块*m*"用*URA3*标记，则"超大块*m*+1"将标记为LEU2，*m*+2标记为*URA3*，依此类推。

替换合成染色体最后一个超大块后需要特殊筛选处理：合成染色体倒数第二个大块需要使用*URA3*标记，*URA3*表达的乳清苷5-磷酸脱羧酶能使培养基中的5-FOA（5-氟乳清酸）转化为有毒物质，使酵母死亡。最后一个大块不含标记基因，若酵母在加入5-FOA的培养基中能够正常生活，则证明*URA3*被成功替换。

（五）染色体减数分裂交叉互换分级组装

SwAP-In方法建立了组装和筛选合成染色体标准的工作流程，这种方法利用替换天然染色体的手段将每个超大块与*LEU2*或*URA3*选择性标记交替。当替换次数较少时，这种方法效果良好，一旦替换次数增多，效率就会降低。为了克服这一问题，科学家采用了染色体减数分裂交叉互换分级组装（meiotic recombination-mediated assembly，MRA）的策略，成功实现了酿酒酵母十二号染色体的人工设计与合成。

野生十二号染色体由1.09 Mb染色体和9.1 kb核糖体DNA（rDNA）重复序列组成。由于高度重复的序列不易构建，所以在十二号染色体的组装过程中，将染色体分成两部分，其中rDNA部分单独构建成更稳定的质粒，因此合成的十二号染色体比野生十二号染色体短。

基于原始染色体DNA序列设计出新的人工合成序列，利用计算机软件BioStudio设计了26～39 kb大小的33个超大块，每个超大块由16～26个约1.6 kb的小块组成。通过自主开发的分级组装和后续改造方案，最终获得可在酿酒酵母细胞内正常发挥功能的合成十二号染色体（syn Ⅻ）。

此方法先用SwAP-In方法合成了含有不同部分合成染色体的6个初始菌株，这些初始菌株染色体上含有6～7个大块，然后将这些初始菌株两两杂交、孢子化并筛选其中含有两段合成序列组合的孢子，再利用这些孢子进行下一轮杂交。连续进行4轮或5轮染色体减数分裂交叉互换分级组装后，获得含有整个目标染色体的菌株（图6-7）。杂交前，在野生与合成染色体之间引入内切酶I-SecI识别位点，使该位点处更容易发生同源重组，减少重组的随机性。组装染色体的过程中，由于插入了标记基因，在已知或未知的原因改变合成序列时，酵母菌株会发生严重的适应性缺陷，从而可以筛选出符合要求的合成序列。

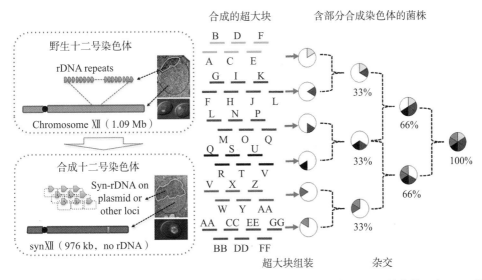

图6-7　酿酒酵母十二号染色体的设计和分层组装策略：合成酿酒酵母十二号染色体不含9.1 kb核糖体DNA（rDNA）重复序列；用SwAP-In方法合成含有不同部分合成染色体的6个初始菌株，将这些初始菌株两两杂交、孢子化并筛选其中含有两段合成序列组合的孢子，再利用这些孢子进行下一轮杂交

三、合成染色体的转移

随着合成基因组学从低等生物向高等生物的拓展，除了更大染色体拼装带来的挑战外，合成的超大染色体的转移也是一项艰巨的任务。

细胞转染指细胞由于外源DNA或RNA掺入而获得新遗传标志的过程。常用的方法有生物学方法（即以病毒为载体的转染法）、化学方法（磷酸钙共沉淀法、DEAE-葡聚糖法、阳离子脂质体法、阳离子聚合物法等）、物理方法（显微注射法、基因枪法、电穿孔法、激光照射法、声孔效应法、磁性纳米颗粒法等）。

目前，能够介导Mb级别染色体转移的方法有阳离子脂质和聚合物法、显微注射法、微细胞法、电转化法以及聚乙二醇（PEG）介导的细胞融合法等。其中，电转化尤其适合对脂质体转染法有抵抗性的细胞的转染，是经常用于细胞系及原代细胞的转染方法。PEG介导的裸DNA转移法也是常用的DNA转染法，Gibson等成功利用此法，将长达1.1 Mb丝状支原体的人工合成染色体移植到山羊支原体受体细胞，获得了人类史上首个人工合成的生命体。

（一）阳离子脂质体法

脂质体也称人工细胞膜，由脂质双分子层组成。磷脂分子在水相溶液中可自动生成闭合的双层膜，从而形成一种囊状物，即为脂质体。阳离子脂质体表面带正电荷，能与核酸的磷酸根通过静电作用将核酸分子包裹入内，形成复合体（图6-8）；也能被表面带负电荷的细胞膜吸附，再通过膜融合、细胞内吞作用或渗透作用传递进入细胞，形成包涵体或进入溶酶体。

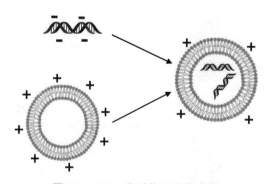

图6-8　DNA-脂质体形成复合物

阳离子脂质体的制备工艺简便，可运载大小不同的基因片段和质粒，还可运载染色体或细胞核。其内容量大大超过其他载体，可抵御核酸酶的作用，延缓基因降解。

阳离子脂质法的重要参数有脂质体浓度、DNA的浓度、细胞密度和脂质体-DNA

复合物与细胞的作用时间等。阳离子脂质体本身的性质决定了阳离子脂质体的转染活力和对细胞的毒性，不同脂质体介导DNA转染的效率不同。DNA和脂质体的比率决定了复合物表面电荷的分布以及复合物颗粒的尺寸，对转染的成功与否也很重要。不同类型的细胞吸收不同尺寸颗粒的能力也不完全相同。因此，用阳离子脂质体法转染DNA时应该根据具体情况分析，选择合适类型的脂质体。

（二）显微注射法

显微注射法是利用管尖极细（0.1 ~ 0.5 μm）的玻璃微量注射针，将外源基因片段直接注射到培养的细胞中（图6-9）。这种方法借助宿主基因组序列可能发生的重组、缺失、复制或易位等现象，使外源基因嵌入到宿主的染色体内。

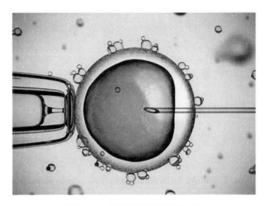

图6-9　显微注射法示意图

显微注射法具有其他方法难以替代的优势：单细胞操作，直观、易于控制；能定量地将DNA分子注入胞核内，有利于外源基因的单拷贝整合；越过胞质直接将基因片段导入胞核，可避免胞质内核酸酶对外源基因的破坏；不受DNA分子量的限制；通过注射前标记和筛选中监控，即可获得单个阳性克隆，无须经过繁复的克隆化程序。其缺点是设备精密、操作技术需要长时间练习，并且每次只能注射有限的细胞。

（三）电转化法

电转化法利用瞬间高压电脉冲（约20 kV），使细胞表面产生暂时性的孔隙，同时，由于电击作用可促使细胞膜融合，最后在细胞膜上形成大的孔道，易于DNA进入细胞（图6-10）。影响电转化效率的因素较多，如电场强度、脉冲时间、DNA含量等。若电压太大，时间太长，细胞活力受损，将影响转染效率；电压太小，时间太短，则转染率太低。一般来说，细胞越大，需要的电压越小；细胞越小，需要的电压越大。

电转化法具有操作方便、低毒性、转染效率高和使用细胞种类广泛的优点。当最

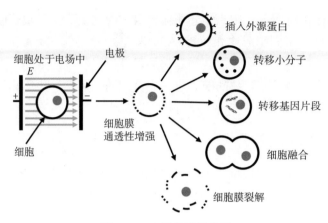

图6-10　电转化法示意图

佳实验条件确定后，能够用电转化法大批量地转染相同种类的细胞。除能够转移外源DNA片段外，电转化法还可以用于在细胞中插入外源蛋白、转移小分子物质进入细胞、进行两个细胞的细胞融合和裂解细胞膜等。

（四）PEG介导的细胞融合法

PEG可以诱导细胞融合，实现合成DNA的间接转染。例如，PEG可以介导酵母原生质体球与哺乳动物细胞的融合，从而将位于酵母细胞的酵母着丝粒质粒转移到受体细胞中。细胞融合可以绕开受体细胞膜的阻碍，直接将载体送入胞质。

PEG介导的细胞融合法的原理为：PEG分子有带负电荷的醚键，具有轻微的电负性，因此可以与带有正电性基团的水、蛋白质和碳水化合物等形成氢键，在原生质体之间形成分子桥，使原生质体发生粘连。当用高Ca^{2+}（50 mmol/L）和高pH（pH 9～10）溶液清洗后，Ca^{2+}和PEG被清洗掉，打破了电荷平衡，使原生质体的某些正电荷与另一些原生质体的负电荷连接起来，实现原生质体的融合（图6-11）。

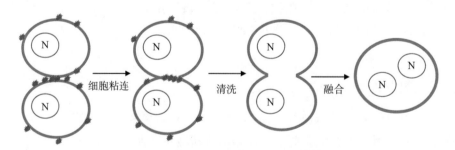

图6-11　PEG介导的细胞融合法示意图

实际操作时，将受体细胞同步化至M期（有丝分裂期），此时的细胞核膜和骨架正处于重塑状态，转移效率较高。实验表明，利用同步化到有丝分裂期的哺乳动物细胞进行膜融合转移，效率可以提高近300倍。PEG介导的细胞融合法可直接利用酵母系统进行Mb级别的合成染色体胞内组装和转移，不需要载体的分离纯化，可以避免载体受到剪切力的损伤，并且其效率受转移DNA大小的限制较小。基于以上优点，对这种方法进行改良可以提高其转移效率，满足越来越高的合成染色体移植要求。

参 考 文 献

［1］常重杰. 2012. 基因工程. 北京. 科学出版社.

［2］卢俊南，罗周卿，姜双英，等. 2018. DNA的合成、组装及转移技术. 中国科学院院刊，33（11）：1174-1183.

［3］王培霞，马渊，吴毅. 2019. 大DNA体内组装技术进展. 生物加工过程，17（1）：15-22.

［4］王月丽，魏继楼，程红蕾. 2014. 外源基因转染细胞技术的研究进展. 现代生物医学进展，14（7）：1382-1385.

［5］Brown D M，Chan Y A，Desai P J. 2016. Efficient size-independent chromosome delivery from yeast to cultured cell lines. Nucleic Acids Research，45（7）：e50.

［6］Gibson D G，Glass J I，Lartigue C，et al. 2010. Creation of a bacterial cell controlled by a chemically synthesized genome. Science，329（5987）：52-56.

［7］Hinnen A，Hicks J B，Fink G R. 1978. Transformation of yeast. Proceedings of the National Academy of Sciences of the United States of America，75（4）：1929-1933.

［8］Ikawa M，Kominami K，Yoshimura Y，et al. 1995. A rapid，and non-invasive selection of transgenic embryos before implantation using green fluorescent protein（GFP）. FEBS letters，375（1-2）：125-128.

［9］Inoue T，Krumlauf R. 2001. An impulse to the brain—using in vivo electroporation. Nature Neuroscience，4：1156-1158.

［10］Juhas M，Ajioka J W. 2017. High molecular weight DNA assembly in vivo for synthetic biology applications. Critical Reviews in Biotechnology，37（3）：277-286.

［11］Kao K N，Michayluk M R. 1974. A method for high-frequency intergeneric fusion of plant protoplasts. Planta，115：355-367.

［12］Kobayashi I. 1992. Mechanisms for gene conversion and homologous recombination：The double-strand break repair model and the successive half crossing-over model. Advances in Biophysics，28：81-133.

［13］Kouprina N，Larionov V. 2006. TAR cloning：insights into gene function，long-range haplotypes and genome structure and evolution. Nature Reviews Genetics，7（10）：805-812.

［14］O'connor M，Peifer M，Bender W. 1989. Construction of large DNA segments in *Escherichia coli*. Science，244：1307-1312.

［15］Richardson S M，Mitche L A，Stracquadanio G. 2017. Design of a synthetic yeast genome. Science，355：1040-1044.

［16］Sabelnikov A G，Cymbalyuk E S，Gongadze G，et al. 1991. *Escherichia coli* membranes during electrotransformation：an electron microscopy study. Biochimica et Biophysica Acta，1066（1）：21-28.

［17］Shao Z Y，Zhao H M，Zhao H. 2009. DNA assembler，an in vivo genetic method for rapid construction of biochemical pathways. Nucleic Acids Research，37（2）：e16.

［18］Wang Y Q，Su J，Cai W W，et al. 2013. Hepatocyte-targeting gene transfer mediated by galactosylated poly（ethylene glycol）-graft-polyethylenimine derivative. Drug Design，Development and Therapy，7：211-221.

［19］Yu D G，Ellis H M，Lee E-C，et al. 2000. An efficient recombination system for chromosome engineering in *Escherichia coli*. Proceedings of the National Academy of Sciences of the United States of America，97（11）：5978-5983.

［20］Zhang W M，Zhao G H，Luo Z Q，et al. 2017. Engineering the ribosomal DNA in a megabase synthetic chromosome. Science，355（6329）：eaaf3981.

［21］Zhang Y M，Buchholz F，Muyrers J P P. 1998. A new logic for DNA engineering using recombination in *Escherichia coli*. Nature Genetics，20（3）：123-128.

［22］Zhou J T，Wu R H，Xue X L，et al. 2016. CasHRA（Cas9-facilitated Homologous Recombination Assembly）method of constructing megabase-sized DNA. Nucleic Acids Research，44（14）：e124.

第7章

DNA 测序技术

本章主要介绍DNA测序技术（DNA sequencing）。针对不同技术合成的DNA序列，DNA测序技术能够有效地检测合成长度和合成准确率，在合成基因组学中占有重要地位。

DNA测序是指分析特定DNA片段的碱基序列，即腺嘌呤（A）、胸腺嘧啶（T）、胞嘧啶（C）和鸟嘌呤（G）的排列顺序。DNA测序是分子生物学研究中一项非常重要和关键的技术，在基因的分离和定位、基因结构与功能的研究、基因工程中载体的组建、基因的表达与调控、基因片段的合成与探针的制备和基因与疾病的关系等方面，都需要获知DNA的序列。快速DNA测序技术的出现极大地推动了生命科学的研究进程。

一、DNA测序技术的建立

1965年，Sanger等发明了RNA小片段序列测定法，并完成大肠杆菌5S rRNA的120个核苷酸的测定。

1965年，Holley完成了酵母丙氨酸tRNA的序列测定。

1977年，Maxam和Gilbert发明了化学降解法。

1977年，Sanger在引入双脱氧核苷三磷酸（ddNTP）后，发明了链终止测序法，使DNA序列测定的效率和准确性大大提高。

由于Sanger和Gilbert对DNA测序技术的贡献，两人共享1980年诺贝尔化学奖。

二、第一代DNA测序技术

对单个基因或者整个基因组来说，分析DNA结构最基本的方法就是测定DNA分子的一级结构——DNA序列。高效快捷的DNA测序方法包括Sanger发明的双脱氧链终止法和Maxam与Gilbert发明的化学降解法。

（一）Sanger/链终止测序法

1977年，Sanger发明了链终止测序法。通过引入双脱氧核苷三磷酸（ddNTP）完成对DNA的精确测序，为研究者们开启了深入了解遗传密码的大门。

对DNA链进行测序前，用限制性核酸内切酶将长的DNA链断裂成小片段，酶

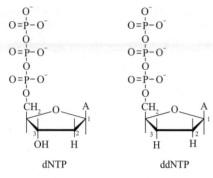

图7-1 dNTP和ddNTP示 意 图：dNTP的3′端连接羟基，ddNTP的3′端连接H

切位点产生的粘性末端可以合成测序引物。在引物延伸的过程中，使用的DNA聚合酶将ddNTP聚合到DNA链上时，由于ddNTP的3′端没有羟基（图7-1），下一步的DNA聚合反应被阻断。DNA聚合酶不能区分dNTP和ddNTP，因此在反应体系中需要加入少量的ddNTP。加入的ddNTP越多，阻断DNA聚合的概率越高，合成长的DNA链越难。

链终止测序法依赖单链DNA作为模板进行扩增，任何一种依赖模板的DNA聚合酶都可以在引物的作用下合成新链，用于测序的DNA聚合酶应满足以下三个条件：

1.高酶活性 DNA聚合酶需要在dNTP存在时延伸DNA链，如果活性较低，会提前终止延伸反应，降低测序读长。

2.无5′-3′外切核酸酶活性 DNA聚合酶具有5′-3′外切核酸酶活性时，能够将新合成的DNA链的5′端DNA去除，改变DNA链的长度，在电泳时产生干扰条带。

3.无3′-5′外切核酸酶活性 DNA聚合酶通常具有校正功能，具有3′-5′外切核酸酶活性，能够将新合成DNA链的3′端错配碱基去除，添加正确的核苷酸，在电泳时会产生干扰条带。

天然的DNA聚合酶不能满足测序要求，因此需要对DNA聚合酶进行修饰。第一个用于测序的DNA聚合酶是Klenow聚合酶，是大肠杆菌DNA多聚酶I的变种，不具有5′-3′端外切核酸酶活性。

在测序过程中（图7-2），首先将待测的单链DNA模板、测序引物、dNTP和DNA聚合酶混合。待测DNA链被分为四个组，每组分别加入足量的dNTP和少量不同的ddNTP。例如，当反应体系中加入ddATP时，若以ddATP配对进行聚合反应，则反应停止；若为dATP，则继续进行合成反应，直到与ddATP配对为止，最终得到长短不同并以ddATP结尾的片段群。该反应体系同样适用于ddTTP、ddCTP和ddGTP。四组反应体

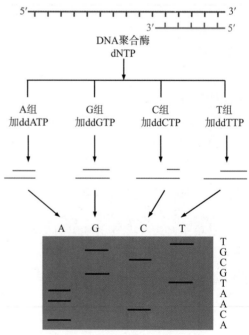

图7-2 Sanger测序法流程图：在待测DNA链中添加dNTP、DNA聚合酶和不同的ddNTP，反应结束后通过电泳读出DNA序列

系分别占据聚丙烯酰胺凝胶电泳的四个泳道，最下方的条带表示最短的DNA链，是第一个ddNTP插入的位置。四个泳道显示了四种碱基的终止位置，彼此间距为1个碱基。在四个泳道中对四个反应体系进行电泳分析，从凝胶底部到顶部按照5′→3′端读出DNA的序列。

（二）化学降解法

1977年，Maxam和Gilbert发明了化学降解法（图7-3）。在化学降解法的测序过程中，首先将DNA断裂为10～300 bp的片段，用碱性磷酸化酶消除DNA片段5′端的磷酸基团，并用多核苷酸磷酸激酶在DNA的5′端标记^{32}P。多核苷酸磷酸激酶能够能催化ATP的γ-磷酸转移到DNA或RNA的5′端，使双链DNA带有荧光标记。变性制备单链DNA后，将其分为四组，分别添加试剂进行特异性降解过程，可以对链上1～2个碱基进行专一性断裂。断裂后，对四个反应体系进行电泳分析，泳道最下方的条带表示最短的DNA链，从凝胶底部到顶部读出DNA的序列。化学降解法中间的两个条带是G＋A和T＋C，如果G＋A和G都有条带出现，说明是G碱基；如果G＋A有条带出现，G没有条带出现，说明是A碱基。

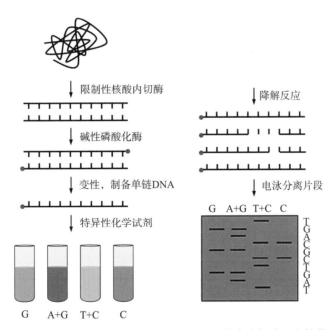

图7-3 化学降解法测序流程图：切割DNA片段后，碱性磷酸化酶和多核苷酸磷酸激酶在DNA的5′端进行放射性标记，变性为单链后进行特异性降解反应，电泳读出DNA序列

化学降解法在四个不同核苷酸的体系中分别用特异性试剂进行降解反应（图7-4）。表7-1总结了四种碱基的断裂情况：

硫酸二甲酯（DMS）是一种碱性化学试剂，可以使DNA链上腺嘌呤的N2和鸟嘌呤的N7甲基化。鸟嘌呤N7的甲基化速度比腺嘌呤N2的甲基化速度要快4～10倍，

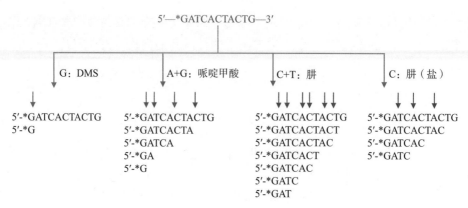

图7-4 化学降解法示例图

硫酸二甲酯（DMS）断裂G碱基；哌啶甲酸断裂A和G碱基；肼断裂C和T碱基；肼（盐）断裂C碱基

表7-1 四种碱基的断裂情况比较表

碱基	断裂方法
G	pH 8.0，用硫酸二甲酯对N7进行甲基化，使C8、C9键对碱基裂解有特殊敏感性
A＋G	pH 2.0，哌啶甲酸使嘌呤环的N原子化，从而脱嘌呤，并削弱腺嘌呤和鸟嘌呤之间的糖苷键
C＋T	肼可以打开嘧啶环，嘧啶环重新环化成五元环后易除去
C	1.5 mol/L NaCl存在时，可用肼除去胞嘧啶

因此在中性pH环境中，DMS主要作用于鸟嘌呤，使之甲基化并断裂糖苷键。肼又称联氨，在碱性环境中作用于胞嘧啶和胸腺嘧啶的C4和C6位置导致糖苷键断裂。若加入高浓度的盐（不低于1.5 mol/L的NaCl溶液），则主要作用于胞嘧啶并使之断裂。

化学降解法所测序列来自原代DNA分子，能排除合成时造成的错误，但操作过程较烦琐，逐渐被简便快速的Sanger法所代替。

（三）荧光自动检测技术

在Sanger法测序的基础上，开发出一种更快捷的DNA测序技术：荧光自动测序技术（图7-5）。该技术将4种ddNTP用不同的荧光标记，在一个通道内实现产物的分离。标记后，ddNTP上的荧光标记可以被激光激发，发出不同波长的荧光信号，经计算机处理后即可获得DNA的碱基序列。

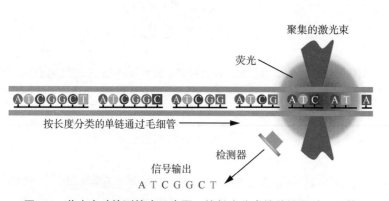

图7-5 荧光自动检测技术示意图：按长度分类的单链通过毛细管

三、第二代DNA测序技术

随着科技的发展和时代的进步，人们对DNA的研究更加深入，需要进行测序的DNA规模更加庞大。虽然第一代DNA测序技术读长较长（可达1000 bp），准确性很高（可达99.999%），但其测序成本高、通量低，不适于大规模应用。第二代DNA测序技术，也被称为新一代测序技术（next generation sequencing，NGS）应运而生，其中代表性的四种测序技术为454焦磷酸测序技术、Solexa测序技术、SOLiD测序技术和华大智造DNB-seq测序技术。

（一）454焦磷酸测序技术

在焦磷酸测序前，首先需要制备待测DNA单链（图7-6）：

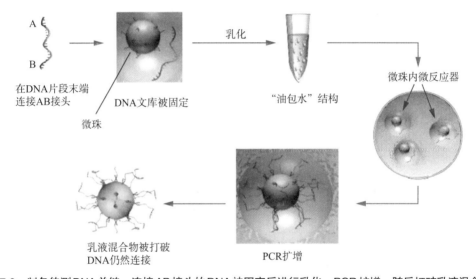

图7-6　制备待测DNA单链：连接AB接头的DNA被固定后进行乳化、PCR扩增，随后打破乳液混合物

1.从细胞中提取DNA，用超声或氮气等方法将其切断，之后利用琼脂糖凝胶电泳技术或磁珠纯化技术获得500 ～ 800 bp的DNA片段，并在片段5′端和3′端添加A、B两种接头，组成样品文库。

2.特别设计的DNA捕获器（微珠）固定单链DNA文库，将大量的微珠加入少量的单链中，在理想状况下，每个微珠携带一个独特的DNA片段。

3.将微珠加入矿物油中，加入表面活性剂并剧烈振荡。表面活性剂和振荡能够使微珠互相分离，形成油包水（water-in-oil microreactors）的混合物，形成微珠内的微反应器。

4.在微反应器中发生独立的PCR反应，PCR过程不会受到其他竞争性和污染性序列的影响，扩增同步进行。反应结束后，每个微珠表面结合几百万个相同的DNA序列，从而放大检测信号。

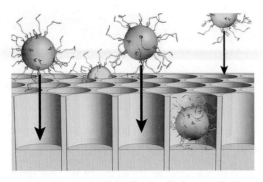

图7-7　PTP板示意图：每个PTP板的小孔容纳一个微珠

5.打破乳液混合物，微珠上仍然结合有扩增的片段。

在测序过程中，使用的元件为PTP（Pico TiterPlate）板（图7-7）。每个PTP板上含有350万个由光纤组成的小孔，每个孔的直径为29 μm，测序微珠的直径为20 μm，PTP板的每个小孔中仅能包含一个微珠。

测序过程中需要的原料有：DNA聚合酶、dNTP、ATP硫酸化酶、腺苷-5′-磷酰硫酸（APS）、荧光素、荧光素酶和引物。测序时每次只加入一种dNTP，只有当dNTP与待测模板配对时释放焦磷酸基团，否则不发生反应。可见尖峰值的高低和相匹配的碱基数量呈正比，若同种碱基连续出现，峰值会随之成倍变化。每合成一个碱基，释放一个焦磷酸基团（图7-8）。APS、ATP硫酸化酶与反应产生的焦磷酸基团结合产生ATP，荧光素可以在荧光素酶的作用下结合ATP，产生氧化荧光素和可见光。产生的光信号被光检测装置接收，经计算机处理得到测序结果。ATP和未反应的dNTP被三磷酸腺苷双磷酸酶降解，实现反应体系的再生。

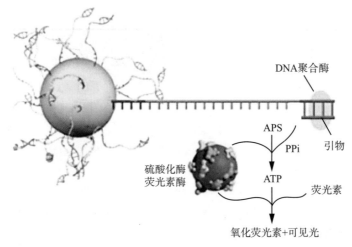

图7-8　焦磷酸测序原理图：合成的碱基释放焦磷酸基团，反应后得到氧化荧光素和可检测的可见光

（二）Solexa测序技术

Solexa测序技术利用边合成边测序（sequencing by synthesis，SBS）的原理，在dNTP的3′-OH加上保护基团以保证DNA合成中碱基的逐个添加，并对碱基进行特异性荧光标记，每次只能添加一个dNTP，释放出一种荧光信号。

在Solexa测序前，首先需要制备待测DNA单链（图7-9）：

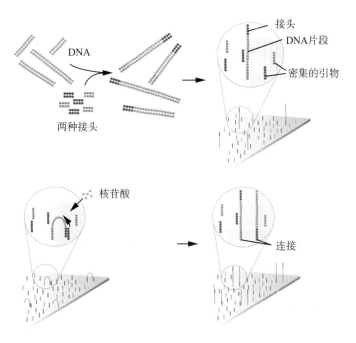

图7-9　制备待测DNA单链：添加接头的DNA被固定在基片上，桥式扩增后形成单克隆DNA簇，变性后解为单链DNA

1.构建测序文库，将提取的DNA随机打断成100～200 bp的片段，两端添加已知序列的接头。

2.将DNA片段固定在富含引物的基片上，基片上的接头与序列互补，形成桥式结构。

3.控制温度、聚合酶等条件进行DNA片段桥式扩增，25轮反应后基片上形成单克隆DNA簇。

4.加热连接好的DNA序列，变性为单链DNA。

桥式扩增的步骤如下：基片上固定两种形式的接头，其中一种接头通过二醇键与基片进行连接。单链DNA与接头互补，通过PCR反应延伸形成双链DNA，变性洗脱没有固定在基片上的单链。随后，单链DNA与另一个接头互补，形成桥式结构。通过PCR延伸形成双链DNA，变性处理后，得到两条DNA单链。在第二轮的桥式扩增和解链的过程后，通过25轮反应，得到DNA簇。为防止测序信号产生干扰，将其中一种接头与DNA之间的二醇键断裂，洗脱未固定的单链，得到带有相同序列的单链DNA簇，从而放大信号（图7-10）。

在DNA测序过程中DNA聚合酶和带有4种荧光可逆终止的dNTP被添加到反应体系；叠氮基团保护dNTP的3′端羟基、每次聚合只能添加一个dNTP。dNTP成功合成后释放荧光信号，根据荧光信号的类型读出核苷酸种类。之后切割碱基末端荧光基团，暴露3′端羟基，进行下一次循环，每次读取一个核苷酸信息，直至最后完成单链DNA序列的测定（图7-11）。

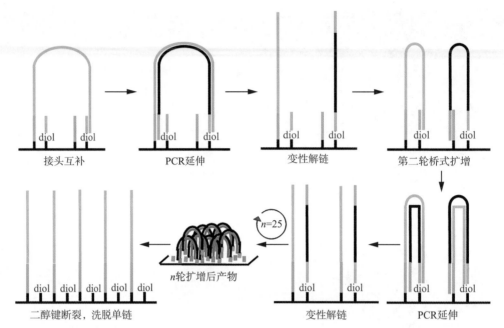

图7-10 桥式扩增流程图：接头互补后，进行变性、扩增、延伸等多轮反应，扩增完成后断裂二醇键，洗脱单链

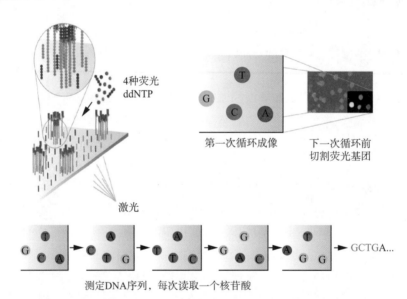

测定DNA序列，每次读取一个核苷酸

图7-11 Solexa测序原理图：在反应体系中加入DNA聚合酶和带4种荧光标记的dNTP，读取信号后切割荧光基团进行下一轮循环

　　Solexa测序法的优点是测序通量高、文库构建简单、运行成本较低。当然它也存在一定的局限性，比如读长较短，其中的化学反应如荧光基团切割可能失败等。

（三）SOLiD测序技术

　　SOLiD测序的原理为以4色荧光标记寡核苷酸的连续连接合成为基础，用DNA

连接酶取代DNA聚合酶，可对DNA片段进行大规模及高通量的扩增和并行测序。SOLiD测序的创新之处在于采用双碱基编码荧光显示技术和8碱基荧光探针（图7-12）。双碱基荧光编码使每2个碱基对应一种荧光信号，每种荧光对应4种碱基的序列。测序使用的8碱基荧光探针为XYnnnzzz。其中，XY表示确定的碱基，用于与单链DNA进行配对，中间的nnn为简并碱基，n可以代表AGCT4种碱基，zzz为可以与任意碱基相配对的特殊碱基，酶切位点在nnn和zzz碱基中间，荧光基团连接在5′末端。

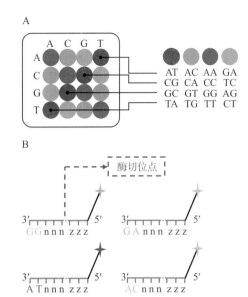

AT、TA、CG、GC4种碱基序列连接的荧光基团为红色，AC、CA、GT、TG4种碱基序列连接的荧光基团为绿色，AA、CC、GG、TT4种碱基序列连接的荧光基团为蓝色，AG、GA、CT、TC4种碱基序列连接的荧光基团为黄色。每一种荧光对应4种碱基序列，nnn简并碱基代表4种核苷酸，所以每种颜色荧光对应的探针有4^4共256种，四色荧光对应的探针有4^5共1024种。

图7-12 A.双碱基荧光编码；B. 8碱基荧光探针：酶切位点在简并碱基（nnn）与特殊碱基（zzz）中间

SOLiD测序步骤如下：第一次连接测序时，首先将DNA引物结合在待测DNA单链上，添加8碱基的荧光探针，用DNA聚合酶连接荧光探针和引物并检测发出的荧光信号。第二次连接测序时，首先断裂第5、6位的化学键，切割末端3个荧光基团，进行第6、7位的测序。以此类推，当第一轮测序结束后，可测得第1、2、6、7、11、12位的碱基序列。随后进行引物重置，变性熔断第一轮测序得到的单链DNA。在第二轮测序时，引物减少一个碱基，第二轮从第0位开始检测。因为引物的碱基序列已知，可以得到第1位碱基的种类。第二轮测序起始位点是第0位，按照上述过程进行类推，测得第0、1、5、6、10、11位的碱基序列。以此类推，五轮循环后，可以测得所有碱基的序列（图7-13）。

A.第一次连接测序

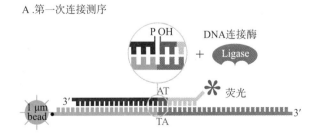

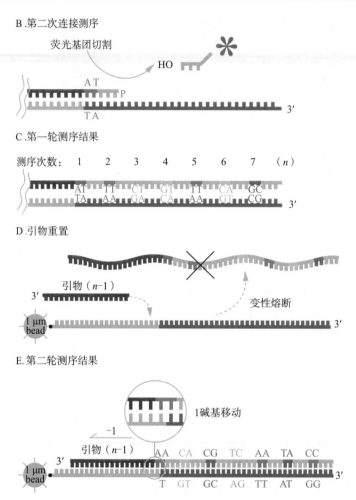

図7-13　SOLiD测序流程图：A.添加8碱基荧光探针进行第一轮测序；B.切割末端荧光基团，继续进行第二轮测序；C.第一轮测序结果得到1、2、6、7、11、12位碱基序列；D.变性熔断DNA双链后进行引物重置；E.第二轮测序得到0、1、5、6、10、11位碱基序列

SOLiD测序采用双碱基荧光编码技术，每个碱基都被检测两次（图7-14），具有误差小和自主校正的优点。

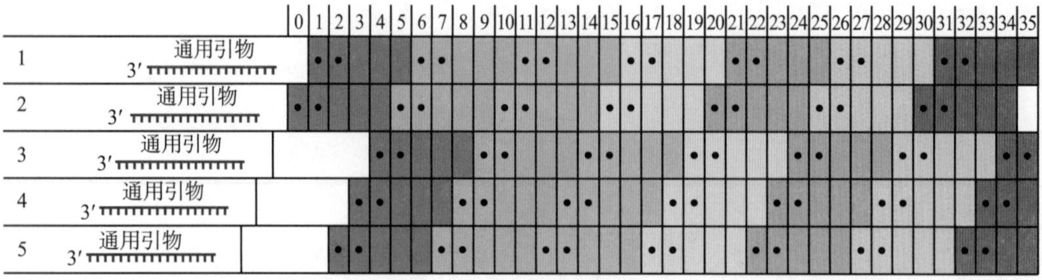

图7-14　SOLiD测序结果：共进行五轮测序，每个碱基被检测两次

（四）华大智造DNB-seq测序技术

制备DNB-seq文库时（图7-15），两侧带有通用引物的双链DNA经95 ℃高温后，成为单链DNA（ssDNA），环化引物与ssDNA的两端互补配对，在连接酶的催化下ssDNA首尾相连，形成单链环状DNA（ssCircDNA）。

通过滚环复制扩增（图7-16），可以将原始ssCirDNA中的一个拷贝扩增得到约500拷贝，称为DNA纳米球（DNA nanoballs，DNB）。

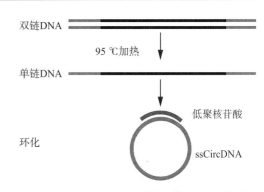

图7-15 DNB-seq 单链环状 DNA 形成过程

图：加热解开双链DNA后，环化形成ssCircDNA

利用DNA纳米球可以增加待测DNA拷贝数，增强信号强度，大大提高测序准确度。基于DNB的扩增错误不会发生累积，累计错误率为0。滚环复制的好处在于，当500个拷贝同时延伸并发出荧光信号时，个别碱基荧光信号出错不影响整体荧光信号的正确性。

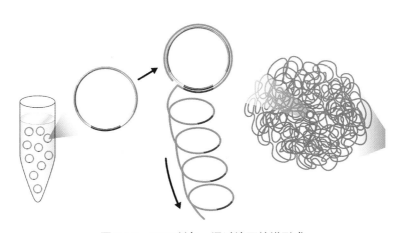

图7-16 DNB制备：通过滚环扩增形成

DNBSEQ-T7采用半导体精密加工工艺，在经过修饰的硅片表面形成结合位点阵列，实现DNA纳米球的规则排列吸附（图7-17）。DNA在酸性条件下带有负电荷，芯片上每一个活化位点带有正电荷，可以大大增加纳米球的附着效率，结合后不会出现某个DNB游离到其他位置的情况，能够减少测序带来的重复过高的问题，并提高效率。

DNB加载的具体参数：

1. DNB尺寸特征　DNB是溶液中通过环形DNA文库经过滚环扩增（RCA）形成的0.2 ～ 0.4 μm悬浮颗粒，内容为300 ～ 700拷贝的原始文库。

2. 氨基修饰阵列特征　DNB结合区域为直径0.2 ～ 0.5 μm经氨基表面修饰的圆斑，圆斑的尺寸范围为直径的10%以下，阵列中圆斑的中心距为0.3 ～ 0.9 μm，尺寸

DNB加载过程

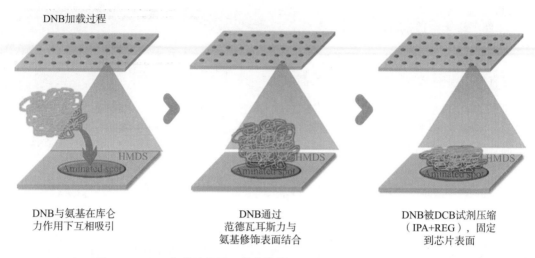

DNB与氨基在库仑
力作用下互相吸引

DNB通过
范德瓦耳斯力与
氨基修饰表面结合

DNB被DCB试剂压缩
（IPA+REG），固定
到芯片表面

图7-17　DNB加载流程图：负电荷的DNA与正电荷的活化位点结合

精度为0.020 μm以下，阵列区域的圆斑密度为1 150 000 ～ 2 600 000个/mm²。

　　MDA（multiple displacement amplification）属于T7独有的双端测序技术（图7-18）。首先，在DNB单链上，加入引物1（图中红色DNA片段），先完成从左到右的一端测序。然后，加入聚合酶进行聚合，在DNA的多个位点同时复制，沿DNA模板合成并取代模板的互补链（图中蓝色DNA片段）。最后，加入引物2（图中绿色DNA片段），在被顶起的蓝色单链（原待测序列的互补链）上，进行从右到左的另一端测序，完成双端测序。

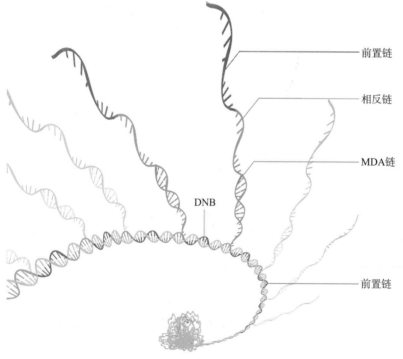

前置链

相反链

MDA链

DNB

前置链

图7-18　双端测序原理：添加红色前置链完成一端测序，添加绿色MDA链完成另一端测序

四、第三代DNA测序技术

第二代DNA测序解决通量低的问题后，人们对DNA的研究进一步推进，不仅仅满足于研究DNA的片段，开始倾向于研究DNA单分子的特点，因此催生了第三代DNA测序技术。第三代DNA测序技术主要包括tSMS（true single molecular sequencing）技术、SMRT（single molecule real-time）技术和Nanopore技术。不同于第二代DNA测序技术，第三代DNA测序技术无须进行PCR扩增，并且具有更高通量、更长读取度、更高准确性、更短测序时间和更低成本的特点。

（一）tSMS测序技术

tSMS技术利用SBS原理进行测序，核心步骤如下：在单链DNA的3′端加入poly A序列，poly A能够与基片上的poly T模板配对。用Cy5-N-羟基琥珀酰亚胺酯进行荧光标记，每次只加入一种荧光标记的dNTP，每次只合成一个碱基，洗脱没有连接的dNTP，并对荧光基团进行检测和切割，完成第一轮循环，重复上述操作即可得到DNA序列的信息（图7-19）。

tSMS测序技术的文库制备比较简单，能够避免体外PCR产生的错误，适合RNA直接测序，但它存在初始读长较短（仅有35 bp）、准确率较低、测序成本较高的缺点。

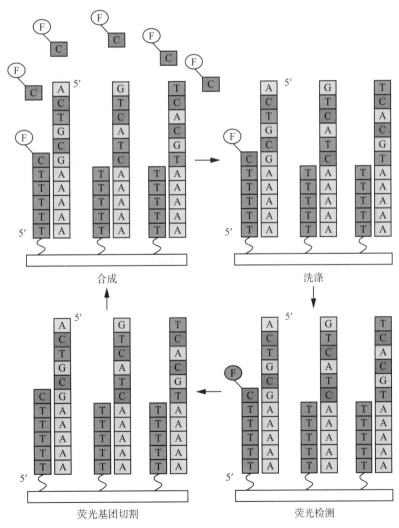

图7-19　tSMS测序流程图：每一次测序循环包括合成、洗涤、荧光检测和荧光基团切割四个步骤

（二）SMRT测序技术

SMRT技术是以零模波导孔（ZMW）为核心，以实时单分子测序技术为基础，以SMRT芯片为载体进行测序反应的DNA测序技术。ZMW是直径小于100 nm的小孔，由于小孔短于激光的单个波长，激光无法直接穿过，而是在小孔处发生衍射，形成局部发光的荧光信号检测区域，在此区域中，荧光基团能够被激活和识别。dNTP与DNA聚合酶结合的时间为10毫秒，游离的dNTP停留时间为1～2微秒，比DNA聚合反应快3个数量级。根据荧光信号存在的时间长短，可以很容易地区分自由扩散至观测体积内的dNTP和合成dNTP的荧光，减少游离dNTP对检测的干扰，保证测序的准确性。纳米孔中含有DNA聚合酶和四种被荧光标记的dNTP，当ZMW孔发生聚合反应时，与DNA片段聚合的dNTP会发出特定颜色的光，根据荧光的种类即可判断dNTP的种类。如图7-20所示，在反应过程中，携带黄色荧光基团的胞嘧啶被DNA聚合酶连接到DNA链上，发出的荧光信号被检测。随后切割荧光基团，DNA链向前移动进行下一步聚合反应，以此类推，携带蓝色荧光基团的腺嘌呤被连接到DNA链上并被检测。

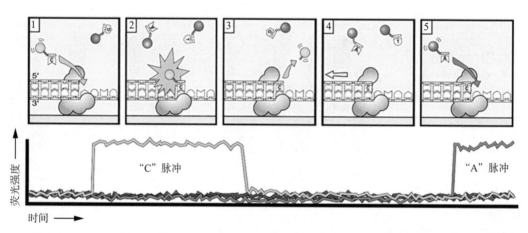

图7-20　SMRT测序原理图：C碱基合成后检测到荧光信号，DNA链向前移动，检测下一个合成的A碱基荧光信号

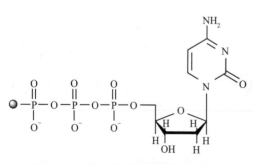

图7-21　SMRT荧光基团结合示意图：荧光基团连接在磷酸基团上

在实际操作过程中，不能保证每个ZMW孔都有效，约1/3的孔中没有待测的DNA序列，1/3的孔中有一条DNA序列，能够进行测序反应，1/3的孔中有多条待测的DNA序列，测序信号相互干扰。在SMRT测序中，荧光基团连接在磷酸基团上，在碱基合成的过程中，5'端的荧光基团随合成反应自动脱落，既能减少处理步骤和荧光干扰的问题，又可达到连续合成检测的目的（图7-21）。

SMRT技术聚合速度和合成能力较为平衡，读长较长，测序速度较快，并且无须进行PCR扩增。该技术的缺点是随机错误率提升，但可以通过多次测序进行校正。

（三）纳米孔测序技术

纳米孔（nanopore）测序技术借助纯物理方法，不再利用光信号，而是利用不同碱基通过纳米孔时产生的电信号变化直接进行测序。

在测序过程中，首先在DNA的两端加上接头，在3′端结合一个Tether蛋白，该蛋白能够引导DNA片段移动到纳米孔附近。在5′端结合一个Motor蛋白，用于驱动自身沿微管或微丝定向运动，介导DNA片段通过纳米孔，Motor蛋白上面的DNA解旋酶能够解开DNA双链，让单链DNA进入纳米孔进行测序。同时，电场力和偏置电压也能推动DNA进入纳米孔。纳米孔测序的步骤为：纳米孔插入到可以施加电压的多聚物膜上，DNA解旋酶解开DNA双链，进行测序。需要注意的是，纳米孔检测的不是单个碱基引起电流的变化，而是3～5个碱基引起的阻断电流的变化，不同的纳米孔材料检测的碱基数量也是不相同的（图7-22）。

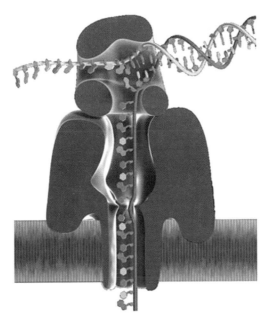

图7-22　纳米孔测序示意图：单链DNA进入纳米孔，通过阻断电流的变化进行检测

在判读过程中，不仅要观察电流的大小，也要观察电流大小的变化。碱基进行判读时，将未知的信号变化与现有的图库进行比对，如果电流变化曲线相吻合，可以得到碱基的顺序，如果不吻合则需要与更多的图库进行比对。图7-23列出了三种不同生物的纳米孔，分别是来自金黄色酿脓葡萄球菌的七聚物，α-溶血素毒素；来自包皮垢分枝杆菌的八聚物，Msp A孔蛋白；来自噬菌体Phi 29的十二聚合物连接器凹槽。

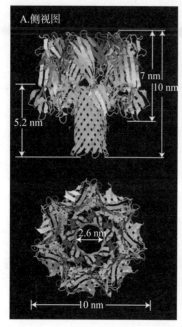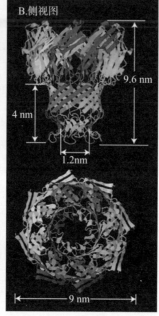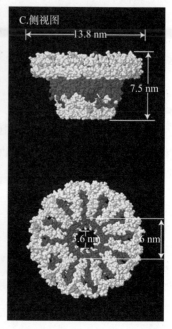

图 7-23　三种不同生物纳米孔比较图

A. α-溶血素毒素，最窄处宽度 1.4 nm，与 ssDNA 尺寸相近，在 pH 为 2 ~ 12 和温度接近 100 ℃时可以保持稳定；B. Msp A 孔蛋白，与 α-溶血素毒素相比，最窄处为 1 nm 左右，提高 ssDNA 测序的空间分辨率，在 pH 为 0 ~ 14 和温度接近 100 ℃时可以保持稳定；C.噬菌体 Phi 29 凹槽，Phi 29 凹槽孔径更大，为 3.6 nm，可以测量更大的分子如 dsDNA、DNA 复合物和蛋白质分子等

三代 DNA 测序技术的对比见表 7-2。

表 7-2　三代测序技术的对比

所属类别	测序技术	原理	特点
第一代 DNA 测序	链终止测序	ddNTP 终止反应	优势：测序读长长，准确度高
	化学降解法	特异性断裂试剂	局限：测序通量低
	荧光自动检测技术	ddNTP 终止反应	
第二代 DNA 测序	454 焦磷酸测序	焦磷酸测序	优势：测序通量高，价格低廉
	Solexa 测序	可逆终止物测序	局限：读长短，PCR 过程有概率引入错配碱基
	SOLiD 测序	连接法测序	
	DNB-seq 测序	双端测序	
第三代 DNA 测序	tSMS 测序	可逆终止物测序	优势：无须 PCR 扩增，读长长，速度快
	SMRT 测序	荧光连续测序	局限：错误率较高，价格较贵
	Nanopore 测序	电信号测序	

DNA测序技术从复杂烦琐地对待测DNA进行切割、扩增和荧光标记，到实时检测电信号变化，从低通量测序到高通量测序，从高昂的测序成本到低廉的价格，从高出错率到高准确性，显示出了DNA测序技术的稳定进步，科学技术的发展和创新。总之，DNA测序技术作为人类探索生命奥秘的重要手段之一，对微观基因组学、蛋白质组学等领域的发展起到了巨大的推动作用。

参 考 文 献

［1］金红星. 2016. 基因工程. 北京：化学工业出版社.

［2］魏清泉，李运涛，任鲁风，等. 2015. 零模波导原理、制备及其在单分子荧光检测中的应用. 生物技术进展，5（1）：10-21.

［3］张得芳，马秋月，尹佟明，等. 2013. 第三代测序技术及其应用. 中国生物工程杂志，33（5）：125-131.

［4］Ansorge W J. 2009. Next-generation DNA sequencing techniques. New Biotechnology，25（4）：195-203.

［5］Bayley H. 2015. Nanopore sequencing：from imagination to reality. Clinical Chemistry，61（1）：25-31.

［6］Deamer D，Akeson M，Branton D. 1996. Three decades of nanopore sequencing. Nature Biotechnology，34（5）：518-524.

［7］Eid J，Fehr A，Gray J，et al. 2009. Real-time DNA sequencing from single polymerase molecules. Science，323（5910）：133-138.

［8］Feng Y X，Zhang Y C，Ying C F，et al. 2015. Nanopore-based fourth-generation DNA sequencing technology. Genomics Proteomics Bioinformatics，13（1）：4-16.

［9］Gupta P K. 2008. Single-molecule DNA sequencing technologies for future genomics research. Trends in Biotechnology，26（11）：602-611.

［10］Harris T D，Buzby P R，Babcock H，et al. 2008. Single-molecule DNA sequencing of a viral genome. Science，320（5872）：106-109.

［11］Korlach J，Marks P J，Cicero R L，et al. 2008. Selective aluminum passivation for targeted immobilization of single DNA polymerase molecules in zero-mode waveguide nanostructures. Proceedings of the National Academy of Sciences of the United States of America，105（4）：1176-1181.

［12］Liang F，Zhang P M. 2015. Nanopore DNA sequencing：Are we there yet? Science Bulletin，60（3）：296-303.

［13］Liu Y B，Siejka-Zielińska P，Velikova G，et al. 2019. Bisulfite-free direct detection of 5-methylcytosine and 5-hydroxymethylcytosine at base resolution. Nature Biotechnology，37（4）：424-429.

［14］Maniatis T，Jeffrey A，van Desande H. 1975. Chain length determination of small double- and single-stranded DNA molecules by polyacrylamide gel electrophoresis. Biochemistry，14（17）：3787-3794.

［15］Mardis E R. 2008. Next-generation DNA sequencing methods. Annual Review of Genomics and Human Genetics，9：387-402.

［16］Mardis E R. 2008. The impact of next-generation sequencing technology on genetics. Trends in Genetics, 24（3）: 133-141.

［17］Maxam A M, Gilbert W. 1977. A new method for sequencing DNA. Proceedings of the National Academy of Sciences of the United States of America, 74（2）: 560-564.

［18］Nehra A, Ahlawat S, Singh K P. 2019. A biosensing expedition of nanopore: A review. Sensors and Actuators B: Chemical, 284: 595-622.

［19］Sanger F, Nicklen S, Coulson A R. 1977. DNA sequencing with chain-terminating inhibitors. Proceedings of the National Academy of Sciences of the United States of America, 74（12）: 5463-5467.

［20］Shendure J, Balasubramanian S, Church G M, et al. 2017. DNA sequencing at 40: past, present and future. Nature, 550（7676）: 345-353.

［21］Shendure J, Ji HL. 2008. Next-generation DNA sequencing. Nature Biotechnology, 26（10）: 1135-1145.

［22］Thomas R K, Nickerson E, Simons J F, et al. 2006. Sensitive mutation detection in heterogeneous cancer specimens by massively parallel picoliter reactor sequencing. Nature Medicine, 12（7）: 852-855.

［23］Wendell D, Jing P, Geng J, et al. 2009. Translocation of double-stranded DNA through membrane-adapted phi29 motor protein nanopores. Nature Nanotechnology, 4（11）: 765-772.

第8章

基因编辑技术

基因编辑是人工合成基因组的技术基础。基因编辑技术可利用核酸酶实现对靶标基因序列的特异性识别，并以同源重组或非同源末端连接的方式对基因组特定位点进行基因的插入、突变、敲除等。基因编辑技术的快速发展使合成生物学研究进入全新的发展阶段。本章将介绍几类重要的基因编辑技术。

一、锌指核酸酶技术

1983年，科学家在非洲爪蟾卵母细胞的转录因子TFⅢA中发现了锌指蛋白（zinc finger protein，ZFP）。人工改造的锌指蛋白与核酸内切酶融合称为锌指核酸酶（zinc finger nuclease，ZFN）。ZFN可实现对特定基因位点的修饰，可对多个物种进行基因打靶，是第一代基因编辑工具。

（一）ZFN技术的诞生

20世纪70年代，美国生物化学家罗伯特·里德（Robert Roeder）发现一些蛋白能够辅助RNA聚合酶启动DNA的转录，并将这些蛋白统称为转录因子。里德发现转录因子TFⅢA（transcription factor ⅢA）与其他转录因子不同，它不能辅助所有基因的转录，仅能在RNA聚合酶Ⅲ对编码5S核糖体RNA（5S RNA）的基因进行转录时，特异性识别并结合在裸露的5S RNA基因序列上，辅助RNA聚合酶启动基因的转录。1983年，研究人员发现，TFⅢA需要在Zn^{2+}协助下才具有活性。1984年，里德实验室公布了TFⅢA的完整氨基酸序列和对应的编码DNA序列，发现TFⅢA中含有大量半胱氨酸和组氨酸。1985年，在经过严格的计算机模拟后，英国科学家艾伦·克鲁格（Aaron Klug）对TFⅢA模型做出假设。他提出，TFⅢA中含有多个重复结构，每一个重复结构约含有30个氨基酸，其中25个氨基酸围绕在锌离子周围，形成类似手指的立体结构，因此将这些重复结构命名为锌指蛋白。

1991年，研究人员发现*Fok*Ⅰ限制性内切酶具有两个独立的结构域，分别负责DNA序列识别和切割。1996年，美国约翰·霍普金斯大学的斯里尼瓦桑·钱德拉塞格兰（Srinivasan Chandrasegaran）成功将锌指蛋白与*Fok*Ⅰ的DNA切割结构域连接在一起，形成锌指核酸酶（ZFN）。

（二）ZFN的结构

ZFN包括锌指蛋白结构域（也称DNA结合域）和*Fok* I 限制性核酸内切酶DNA切割域（DNA cleavage domain）两个部分。ZFN的锌指蛋白结构域能够识别并结合靶标DNA序列，DNA切割域具有核酸内切酶活性，可使双链DNA断裂（double-stand break，DSB）。

一个锌指蛋白通常由3个类似于手指形状的锌指（zinc finger，ZF）串联而成（图8-1），每一个锌指络合一个Zn^{2+}并可特异性识别连续的3 bp DNA碱基序列。因此，一个锌指蛋白结构域可特异性识别9 bp长度的DNA序列。ZFN通常以二聚体的形式存在，因此整个ZFN二聚体中通常包含6个锌指，可特异性识别18 bp的DNA序列，从而实现DNA序列的精准识别和定位。通过锌指数量的增加可进一步增加ZFN特异性识别序列的长度，从而提高ZFN在DNA分子中定位的准确性。

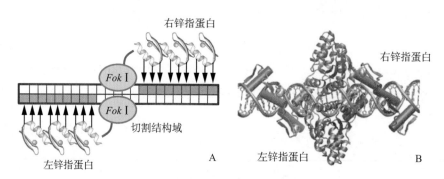

图8-1　ZFN结合DNA靶序列示意图

A.平面示意图；B.三维模型示意图，其中灰色的双螺旋结构代表DNA双链，蓝色和红色的部分分别代表两条ZFN，灰色的圆球代表Zn^{2+}

在锌指蛋白结构域（图8-2）中，每个锌指由30个氨基酸残基构成，其中第8位和13位的半胱氨酸以及26位和30位的组氨酸与Zn^{2+}络合，锌指折叠形成α-β-β（C端→N端）的二级结构，并通过疏水作用维持结构稳定。α螺旋嵌入到DNA分子的大沟中，由位于α螺旋上的-1、+3、+6位氨基酸残基（规定第26位组氨酸前7个氨

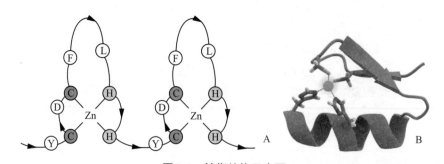

图8-2　锌指结构示意图

A.平面结构示意图，C和H分别代表半胱氨酸和组氨酸；B.三维结构示意图

基酸为α螺旋的−1～＋6位）的侧链与大沟中DNA链相互作用，识别位于DNA同一条单链上3′到5′方向的3个DNA碱基。α螺旋中的−1～＋6位的7个氨基酸残基（＋4位通常为亮氨酸残基）决定了锌指对DNA序列识别的特异性。因此，通过改变氨基酸残基的组成可设计出能够识别不同3 bp DNA序列的锌指。

Fok I 是一种 II S 型核酸内切酶，与其他核酸内切酶不同，*Fok* I 核酸内切酶的DNA切割域和DNA结合域是相互独立的，因此其切割位点与识别位点是不同的：N端为DNA结合域，用来识别DNA序列；C端为DNA切割域，具有内切酶的作用，可在5′-GGATG-3′序列下游9 bp处和互补链的下游13 bp处切割，造成双链断裂。大部分*Fok* I 只有在处于二聚体状态时才具有DNA内切酶活性，因此通常需要设计两条ZFN，可分别结合在切割结构域两侧的DNA链上，并留出间隔区（spacer）结构，长度以5～6 bp为宜，使两条ZFN形成有活性的二聚体（图8-3）。

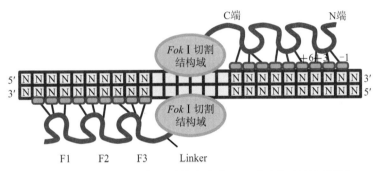

图8-3 锌指核酸酶同靶序列结合实现DNA定点切割的示意图

（三）ZFN基因编辑机制

当含有ZFN基因的质粒或mRNA进入细胞后，细胞通过核糖体对ZFN进行表达，实现对特定基因序列的切割，进而激活细胞的DNA非同源末端连接（non-homologous end joining，NHEJ）或同源介导的双链DNA修复（homology directed repair，HDR）等程序（图8-4）。

1.当没有外源DNA模板时，部分DNA双链断裂的修复以非同源末端连接方式进行。由于这种修复方式的错误率极高，会造成碱基的增加或缺失，进而导致该位点基因发生突变，当突变发生在编码区时可能会导致基因功能的改变或丧失。

2.当有大量外源靶位点基因引入细胞时，细胞会通过同源重组进行错误基因的修复。

3.若同时使用两组ZFN编辑同一条染色体（两组共4个ZFN单体，分别识别2个不同的位点），会在染色体DNA双链上形成2个DSB，在修复过程中，两侧的序列可能直接连接，造成中间DNA片段的丢失，从而导致一个或多个基因的缺失、突变或染色体基因的大片段删除。

4.若同时使用两组ZFN对不同染色体进行编辑，造成2个DSB，则可能造成非同源染色体的末端连接。

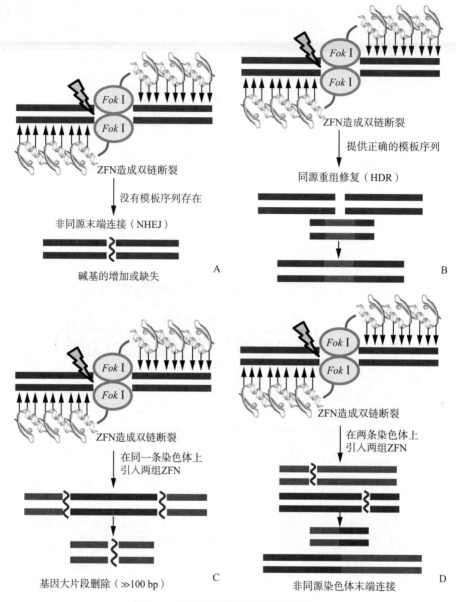

图8-4　ZFN用于基因编辑作用机制

A.基于NHEJ的作用机制；B.基于HDR的作用机制；C.对同一条染色体设计两组ZFN的作用机制；D.对两条染色体分别设计两组ZFN的作用机制

（四）ZFN的设计策略

目前可使用的锌指设计策略主要有模块组装法（modular assembly，MA）、寡聚文库构建法（oligomerized pool engineering，OPEN）和依赖于上下文的组装法（context-dependent assembly，CoDA）。

模块组装法（MA）是最早出现的一种较为简单的人工锌指蛋白构建策略。基本思路是将锌指作为一个可独立识别并结合特定DNA三联子的功能模块。将经过实验验证的锌指与DNA三联子序列信息建立对应关系，形成锌指集；根据需要识别的靶基因序列挑选所需要的锌指模块进行连接，并验证其对靶基因序列的结合作用与切割活性。MA法可快速得到所设计的ZFN，但由于简单的模块连接忽略了锌指之间的相互作用和锌指间的上下文依赖效应，通常会使ZFP的靶基因识别特异性受到严重影响。MA法由于效率低已不再适用于目前的研究和应用。

在构建ZFN的所有方法中，OPEN法是目前使用的比较先进的方法之一。该方法主要分为两部分：首先需要针对构建的ZFN所包含ZFP的数量，构建相应数量、容量足够大的ZFP随机库，库中包含的ZFP覆盖率要足够大，其中的ZFP需要能够识别足够数量的基因的靶位点，以便根据试验需求获得相应基因的ZFP；其次需要从库中经过多步筛选得到特异性强、细胞毒性小的ZFN。但是OPEN方法在建立ZFP库和锌指蛋白的筛选中需要大量的时间和劳动力，因为多锌指库的构建需要根据已知多锌指，对每一个单锌指进行随机化，获得足够数量的ZFP库。再从每一个锌指库中筛选相应的ZFP，将筛选得到的单锌指组合成多锌指后还需要进一步的筛选，最终得到目的ZFP。虽然这样得到的ZFP效率极高，但是其中包含了庞大的工作量，严重耽误实验进程，使其使用范围受到限制。

依赖于上下文的组装法（CoDA）是在MA与OPEN两种方法基础上完善得到的，它根据寡聚文库构建法筛选得到不同的多锌指组合模式，将这些多锌指建立为一个中间锌指固定、两端锌指可变的ZFP库，通过简单的筛选步骤就能快速得到高效的ZFP。这种方法既考虑到了锌指之间的相互作用和锌指间的上下文依赖效应，也避免了单独筛选单锌指所需要的庞大工作量。但是这种方法中间锌指固定，缺乏灵活性。虽然在筛选时相对OPEN法更为方便，但是中间ZFP的固定导致有些ZFP不能通过已建立的库筛选、组合得到。

（五）ZFN技术的缺点

ZFN技术优势明显，可应用于多种生物的基因编辑，但同时也存在一定缺陷：

1. ZFN脱靶率高　锌指核酸酶存在上下文依赖效应，即锌指蛋白中各个锌指之间的相互作用会影响对靶标核苷酸序列的识别与结合，从而造成脱靶效应。

2. ZFN会引起细胞毒性　ZFN的高水平表达会引起果蝇和斑马鱼等模式动物基因组发生突变，导致异常发育或畸形。

3. ZFN的设计筛选技术尚未成熟　目前尚无法针对任意靶标基因进行ZFN序列设计和构建，因此无法在每一个基因或其他功能性染色体区段都找到合适的ZFN作用位点。

二、转录激活因子效应物技术

转录激活因子效应物技术是继锌指核酸酶技术后发展的第二代基因编辑技术，该技术的核心是转录激活因子样效应物核酸酶（transcription activator-like effector nuclease, TALEN)。TALEN技术可编程性强，理论上可实现对任意物种的基因打靶。

（一）TALEN技术的诞生

1992年，德国马丁路德·哈勒维腾贝格大学的细菌学家乌拉·伯纳斯（Ulla Bonas）发现，黄单胞菌（*Xanthomonas*）的AvrBs3蛋白可以进入植物细胞核内，像真正的转录因子那样，精确定位DNA序列并启动特定基因的表达，于是研究人员将这类蛋白命名为TALE（transcription activator-like effector，转录激活因子样效应物）蛋白。2007年，伯纳斯的同事延斯·博世（Jens Boch）和塞巴斯蒂安·肖纳克（Sebastian Schornack）提出了TALE蛋白结构模型，他们认为TALE蛋白依靠其中部的重复序列对DNA进行特异性识别，并在2009年破解了TALE蛋白的工作机制。他们发现TALE蛋白具备完全的可编程性，通过删减、添加和自由组合TALE序列，可定位任意长度、任意序列的DNA序列。

2011年，研究人员证实，利用TALE蛋白可精确定位人类基因组，并利用TALE蛋白成功调节了*SOX2*和*KLF4*基因的表达。同年，美国圣加蒙公司也证实，将TALE蛋白与*Fok*Ⅰ进行连接，能够对基因组实施精确而高效的编辑，新一代基因编辑技术TALEN诞生。

（二）TALE结构域

TALEN由TALE蛋白的DNA结合结构域与*Fok*Ⅰ核酸内切酶的DNA切割域融合而成，可特异性识别DNA序列并对基因特定位点进行切割（图8-5A）。TALE蛋白的中部是一段重复序列，由1～33个重复单元加上末尾（C端）的半重复单元串联组成。天然TALE的重复单元数目一般为8.5～28.5个，常见的为18.5个（图8-5B），每个重复单元由约34个氨基酸残基组成，可特异性结合1 bp碱基。TALE蛋白的N端一般有转运信号，C端具有核定位信号（nuclear localization signal，NLS）和转录激

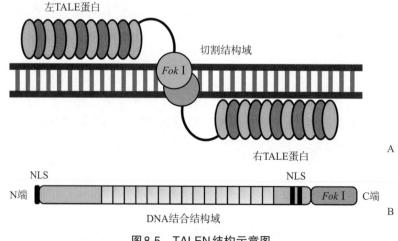

图8-5　TALEN结构示意图

A.TALEN与靶序列结合实现定点切割示意图；B.TALE蛋白的重要功能区

活结构域（activation domain，AD），两端序列都极度保守。C端核定位信号可以引导TALE蛋白从细胞质进入到细胞核中。

TALE蛋白中的重复单元又称TALE指（图8-6），由约34个氨基酸残基组成，其中32个残基高度保守，只有第12位和13位氨基酸可以改变，被称作重复可变双残基（repeat variable di-residue，RVD）。RVD侧链与碱基相互作用，可以特异性识别1 bp碱基。TALE指的二级结构为两个α螺旋的串联，串联连接处即为重复可变双残基。不同的RVD能够通过氢键作用特异性识别A、T、C、G 4种碱基中的一种或多种。相对于ZFN体系中30个氨基酸组成的锌指对应一段3碱基DNA序列，在TALEN体系中，34个氨基酸所组成的TALE指可精确对应一个DNA碱基。因此，TALEN较ZFN可以更加精准地识别靶标DNA序列。

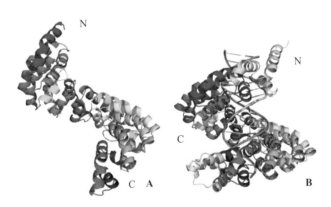

图8-6　TALE蛋白三维结构示意图

A.没有结合DNA的TALE蛋白；B.结合DNA的TALE蛋白

（三）TALEN作用机制

TALEN的DNA切割结构域也是*Fok* I核酸内切酶DNA切割结构域，因此，在进行TALEN设计时，需要设计两条不同的TALEN形成二聚体才能够发挥酶切活性。如果设计的每条TALEN可特异性识别17 bp DNA序列，那么两条TALEN同时工作可特异性识别34 bp序列，从而实现对染色体中靶基因的精准定位（图8-7）。类似于ZFN的序列设计，在TALEN中也要确保两个TALEN识别位点之间具有合理的间隔区。通常TALEN的间隔区长度为14～18 bp，以便核酸酶*Fok* I形成二聚体，二聚体状态下的*Fok* I具有核酸酶活性，可对DNA进行切割，造成双链断裂，进而激活细胞的DNA修复机制。

1.当没有外源DNA模板时，部分DNA断裂双链的修复以非同源末端连接方式进行，这种修复方式的错误率极高，会造成碱基的增加或缺失，进而导致该位点基因发生突变，当突变发生在编码区时可能会导致基因功能的改变或丧失。

2.当有大量外源靶位点基因引入细胞时，细胞会通过同源重组进行错误基因的修复。

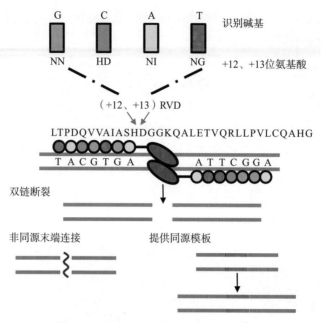

图8-7　TALEN用于基因编辑的作用机制

3.若同时使用两组TALEN编辑同一条染色体（两组共4个TALEN单体，分别识别2个不同的位点），可能会在染色体DNA双链上形成2个DSB，在修复过程中，两侧的序列可能直接连接，造成中间DNA片段的丢失，从而导致一个或多个基因的缺失、突变或染色体基因的大片段删除。

4.若同时使用两组TALEN对不同染色体进行编辑，会造成2个DSB，则可能造成非同源染色体的末端连接。

（四）TALEN的设计策略

1. TALEN靶位点的选择　2012年，高通量固相TALEN合成技术（FLASH技术）诞生，研究人员利用FLASH技术对TALEN的活性进行了大量检测，发现TALEN靶位点的选择只要遵从靶位点5′端的前一位碱基为胸腺嘧啶（T）即可，显著降低了TALEN靶位点选择的限制性。为了推动TALEN技术的发展，许多实验室建立了免费的网站辅助研究人员进行TALEN靶位点的设计。研究人员可以根据自己的需要，借助网站信息，通过选择TALEN识别位点的碱基数目和识别位点间的间隔序列长度来设计相应的TALEN。

2. TALEN的构建方法　TALEN表达载体的构建方法包括全序列人工合成法、Golden Gate克隆法、REAL（restriction enzyme and ligation）组装法和FLASH组装法等。

全序列人工合成法：首先，选取TALEN靶位点序列，针对靶位点设计合理的重复序列，人工合成相应氨基酸序列对应的DNA编码序列，同时连接Fok Ⅰ的表达序列；最后将整段DNA编码序列转移到表达载体上进行蛋白表达。2010年，首次利用全序列人工合成法成功地构建了TALEN表达质粒，并利用表达的TALEN在人细胞系中分别实现了对*NTF3*和*CCR5*基因的定点突变，证实了TALEN对内源性基因的靶向调控和修饰作用。这种方法简单快捷，然而构建的TALEN编码序列长度一般在1～2 kb，导致这种合成方法成本高昂，不适用于实验室研究，限制了全序列人工合成法的适用范围。

REAL法首先需要构建可表达不同TALE重复序列的质粒库，重复序列的5′端应具有ⅡS型内切酶*Bbs*Ⅰ的识别位点，3′端应具有ⅡS型内切酶*Bsa*Ⅰ和普通内切酶*Bam*HⅠ的识别位点。利用*Bsa*Ⅰ和*Bam*HⅠ对第一个质粒进行切割，*Bsa*Ⅰ会在质粒上切割产生一个4 bp的特异性黏性末端，*Bam*HⅠ切割后会产生一个固定的非特异性末端；利用*Bbs*Ⅰ和*Bam*HⅠ对第二个质粒进行切割，同样会产生一个4 bp的特异性黏性末端和一个固定的非特异性末端。产生的两个非特异性末端通过碱基互补配位可将两个质粒连接起来，形成的质粒仍具有*Bbs*Ⅰ、*Bsa*Ⅰ和*Bam*HⅠ的识别位点。按照相同的方法可进一步构建四联体TALE表达质粒，通过酶切-连接过程的多次循环，可构建出指定长度的TALE重复序列。

Golden Gate克隆法利用ⅡS型限制性内切酶（如*Bsa*Ⅰ、*Bsm*BⅠ和*Bbs*Ⅰ）构建TALEN表达载体。由于ⅡS型限制性内切酶的DNA切割位点和识别位点是相互独立的，酶切位点与识别位点间隔数个碱基，切割后在5′端形成4 bp黏性末端，并且同一个ⅡS型内切酶可以产生不同的特定黏性末端。为了构建有序的TALE重复单元，可以在每个重复单元两侧添加特定的ⅡS内切酶识别位点，经酶切后分别产生有序的黏性末端，相同的黏性末端通过互补配对首尾相接，使不同的重复序列能够按一定顺序连接。

FLASH又称高效自动化固相连接系统（fast ligation-based automatable solid-phase high-throughput，FLASH），是一种TALEN表达载体的固相合成策略。首先将第一个TALE重复序列单元生物素化，然后将其连接到链霉亲和素包被的磁珠表面，以实现构建的固定化。随后的酶切及酶连反应可以在自动化仪器中快速完成。最后，将终产物从磁珠上脱离，并转移到质粒载体上。FLASH法省去了溶液合成法中分离、纯化和鉴定等步骤，提高了TALEN的构建效率，可实现TALEN的高通量构建。

（五）TALEN的优势与局限

TALEN作为一种新兴的基因编辑技术，相比ZFN技术，具有如下优势：

1. TALEN序列筛选更为简便，构建更加方便快捷，可以实现大规模、高通量组装。

2. TALEN与DNA的结合更易于预测，且TALEN具有更高的DNA序列特异识别性和结合效率，脱靶率比ZFN低。特别是在一些难以通过传统方法实现基因打靶的模式生物、经济物种和细胞系中，TALEN技术能够发挥不可替代的作用。

同时，TALEN技术仍然存在一些局限性，包括以下几个方面：

1.在不少物种中，TALEN的应用仍局限于基于非同源末端连接的定点随机突变和筛选，难以通过同源重组修复实现对基因组的精确操控。

2. TALEN仍存在脱靶问题，这可能是由细胞中染色体的状态引起的，如TALEN技术无法识别和结合异染色体中的基因序列。

3. TALEN基因序列较长，可能会引起机体免疫应答。

三、CRISPR/Cas系统

CRISPR（clustered regularly interspaced short palindromic repeats）/Cas（CRISPR-associated）技术是继ZFN和TALEN后产生的第三代基因编辑技术。CRISPR/Cas系统是一种存在于原核生物中针对外源性遗传物质的免疫系统，该系统通过特异性RNA的介导，实现对外源DNA的切割与降解。通过人工改造可以高效、精准地进行基因编辑。

（一）CRISPR/Cas技术的诞生

1987年日本科学家石野良纯（Yoshizumi Ishino）在大肠杆菌基因组DNA中发现了一段重复-间隔的序列（CRISPR），而这些序列既不能编码蛋白质也不能辅助DNA转录。2000年，西班牙科学家弗朗西斯科·莫西卡（Francisco Mojica）在20种不同的微生物中都发现了这种CRISPR结构，他认为这种结构可能有着重要的生物学功能。2005年，他发现CRISPR中的间隔序列与一些噬菌体序列同源，猜想CRISPR是细菌对噬菌体的一种免疫机制，含有CRISPR的宿主菌株不会感染含有同源间隔序列的噬菌体，并且每当有新的噬菌体病毒入侵，细菌就会把它的部分基因组序列整合到自己的CRISPR基因中，形成免疫记忆。这个猜想在2007年得到证实，将噬菌体序列插入嗜热链球菌CRISPR的间隔区，该菌株对相应噬菌体产生抗性，而删除噬菌体序列后，细菌丧失对噬菌体的抗性。

在2013年初，詹妮弗·杜德纳（Jennifer Doudna）、张锋、乔治·丘奇（George Church）相继证明，将人工设计的CRISPR序列与Cas9蛋白结合，可高效编辑人类基因组。2014年，杜德纳和艾曼纽·卡朋特（Emmanuelle Charpentier）实验室报道了CRISPR/Cas9系统的工作原理，CRISPR/Cas9作为第三代基因编辑技术快速发展。

（二）CRISPR/Cas系统结构

CRISPR系统有三种类型。三种类型具有不同功能的Cas蛋白和不同的外源基因组降解机制。三种CRISPR系统的特征主要由它们不同的特征基因（signature gene）来体现：

Ⅰ型CRISPR系统：在细菌和古细菌中均有分布，Cas蛋白最多且最复杂，特征蛋白为属于解旋酶家族成员的Cas3蛋白。

Ⅱ型CRISPR系统：只存在于细菌中，是结构最为简单的类型，特征蛋白为

Cas9。

Ⅲ型CRISPR系统：常见于古细菌中，古细菌中75%的CRISPR系统为Ⅲ型，特征蛋白为Cas10，Cas10具有核酸聚合酶和核酸环化酶同源结构域。

目前研究最深入且应用最广泛的是来自酿脓链球菌（*Streptococcus pyogenes*）的CRISPR/Cas9系统。CRISPR/Cas9系统由Cas9蛋白、crRNA和非编码tracrRNA（trans-activating CRISPR RNA）三部分组成（图8-8A）。crRNA、多种Cas蛋白以及tracrRNA共同参与CRISPR免疫防御过程。2014年，杜德纳报道了CRISPR/Cas9系统的工作原理以及双链DNA的切割机制。研究人员通过对CRISPR/Cas9系统进行改造优化（图8-8B），将原本分开的crRNA和tracrRNA融合形成一条单链嵌合体结构的sgRNA（single guide RNA）。sgRNA可以特异性结合靶标序列，进而引导核酸酶Cas9对DNA双链进行定点切割。Cas9蛋白识别靶标DNA的PAM序列，发挥解旋酶和核酸酶活性，解开双链使sgRNA与靶标序列配对，在PAM序列前3个碱基处造成DNA双链断裂。DNA双链断裂后，细胞启动修复机制（图8-9）。

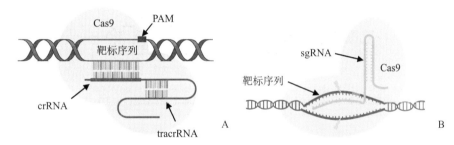

图8-8 CRISPR/Cas9系统结构示意图

A.未简化的CRISPR系统结构示意图；B.简化的CRISPR/Cas9系统结构示意图

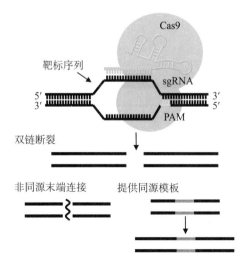

图8-9 CRISPR/Cas系统用于基因编辑的作用机制

1. 利用非同源末端连接的方式可以将经过 CRISPR/Cas9 系统编辑后的基因被敲除。

2. 在提供同源序列的情况下，同源重组修复途径会以同源序列为模板进行合成修复，从而对 Cas9 切割的目标 DNA 序列进行编辑。

CRISPR 基因位点主要由前导区（leader）、多个高度重复序列（repeat）和间隔序列（spacer）串联组成（图 8-10）。CRISPR 位点的前导区长度通常在 300 ～ 500 bp，富含 A 和 T 碱基，同物种间前导区序列一般比较保守，具有约 80% 的同源性序列；不同物种间的前导区序列一般无同源性。前导区可以作为启动子启动 CRISPR 序列的转录，但没有开放阅读框，不编码蛋白质。前导区下游是重复序列，一般由 23 ～ 50 bp 碱基组成，平均长度约为 31 bp。重复序列中有部分回文序列，由此转录出的 RNA 可形成结构稳定的茎环，介导 CRISPR 与 Cas 蛋白结合形成复合物。间隔序列由 17 ～ 84 bp 碱基组成，平均长度约 36 bp。在同一个 CRISPR 位点中，基本没有相同或比较相似的间隔序列。不同的 CRISPR 基因位点包含的间隔序列数量差别很大，从几个到几百个不等。

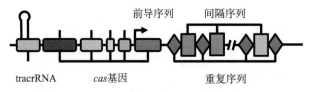

图 8-10　CRISPR/Cas9 系统基因结构

CRISPR/Cas 系统通过 RNA 介导，利用核酸酶切割清除外源核酸。与人体的免疫系统相似，微生物体内的免疫需要经历适应（感染）→表达（防御/切割）→插入（记忆）三个过程，在这三个过程中会产生多种 Cas 蛋白。cas 基因多样性丰富，可编码合成多种蛋白质用于 DNA 编辑，对 CRISPR 系统的基因编辑功能的实现具有重要作用。根据基因的保守程度可以将 cas 基因分为核心 cas 基因、亚型特异性 cas 基因和重复序列相关未知蛋白（repeat-associated mysterious proteins，RAMP）基因。由核心 cas 基因表达合成的核心 Cas 蛋白功能已基本明确。例如 Cas1 和 Cas2 可将入侵的 DNA 降解成小片段，并将其中一段整合到 CRISPR 基因中；Cas3 蛋白的氨基酸序列包含 7 个基序，7 个基序是螺旋酶超家族 2 的特征，因此认为 Cas3 具有解旋酶和核酸酶的功能；Cas4 蛋白与 RecB 外切酶功能相似，具有多种活性，可将侧翼有 PAM（通常为 NGG 序列）的 DNA 序列插入 CRISPR 系统中；Cas9 则可在 RNA 引导下对外源核酸进行切割。目前只有小部分 Cas 蛋白功能已知，仍有很多 Cas 蛋白的作用机制尚不明确。

（三）CRISPR/Cas 系统工作原理

CRISPR/Cas 系统是细菌和古细菌在长期进化过程中形成的一种获得性免疫系统，能够针对噬菌体感染、质粒接合和转化所造成的基因导入而形成特异性防御机制。以噬菌体感染为例，CRISPR/Cas 系统抵抗噬菌体的过程见图 8-11。

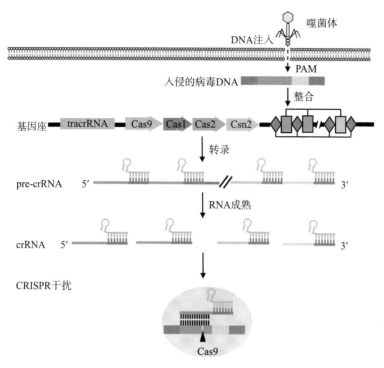

图8-11　CRISPR/Cas9系统用于免疫的作用机制

1.获得新间区　当噬菌体进入到含有CRISPR系统的细胞内时,CRISPR相关蛋白复合物会迅速与之结合。通过Cas1和Cas2等蛋白将外源DNA切割成长度为17～48 bp的小片段,在相关Cas蛋白的作用下,将侧翼带有PAM序列的小片段整合至前导区与第一个重复序列之间,形成一个新的间区。新间区的形成说明入侵的噬菌体信息已储存在CRISPR基因座中。基因座中间区的个数越多,宿主对噬菌体越敏感,抵抗力也越强。

2.表达并加工CRISPR　当同类噬菌体核酸进入具有免疫记忆的细菌时,前导区作为启动子,启动CRISPR序列转录,转录水平迅速上升,生成包含重复序列和间区的前体CRISPR RNA(pre-crRNA)和tracrRNA。二者通过碱基互补配对形成异二聚体,在tracrRNA的帮助下,pre-crRNA被核酸内切酶RNase Ⅲ剪切为成熟crRNA,即包含一个间隔序列和部分重复序列的crRNA(图8-12),成熟crRNA会与Cas蛋白形成复合物crRNP(crRNA-Cas ribonucleoprotein)。

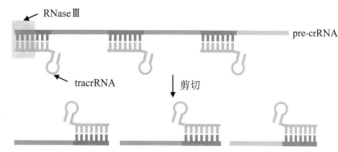

图8-12　crRNA的成熟加工过程示意图

3.干扰入侵核酸 复合物会迅速地通过crRNA寻找并结合与其互补的DNA片段，然后Cas9蛋白发挥核酸内切酶的作用，造成DNA双链断裂。

在CRISPR/Cas9系统中，Cas9蛋白在未被激活时处于抑制状态，不具有切割活性，当tracrRNA-crRNA与Cas9蛋白结合后，Cas9蛋白发生构象重排，在两个结构域之间形成可以容纳DNA的通道，作为DNA识别结构域。tracrRNA-crRNA与Cas9的复合物通过crRNA与目标双链DNA结合，引起复合物结构进一步变化并结合到目标DNA的PAM基序上，在Cas蛋白的作用下将PAM附近的DNA双链打开，形成tracrRNA-crRNA-DNA复合物。随后，Cas9蛋白在PAM序列前3个碱基处进行切割，造成DNA双链断裂（图8-13）。

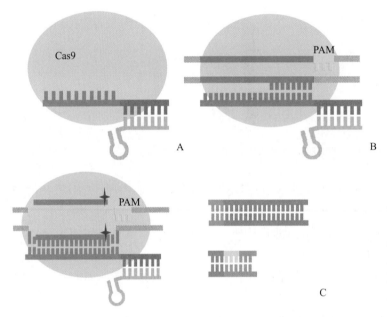

图8-13 Cas9蛋白介导的干扰过程

A. Cas9蛋白与tracrRNA-crRNA结合，构象重排；B.复合物与目标双链DNA结合，复合物结构进一步变化；C. Cas9蛋白对靶标序列进行切割

参 考 文 献

［1］金红星. 2016. 基因工程. 北京. 化学工业出版社.

［2］沈延，肖安，黄鹏，等. 2013. 类转录激活因子效应物核酸酶（TALEN）介导的基因组定点修饰技术. 遗传，35（4）：295-309.

［3］肖安，胡莹莹，王唯晔，等. 2011. 人工锌指核酸酶介导的基因组定点修饰技术. 遗传，33（7）：3-21.

［4］Barrangou R, Fremaux C, Deveau H, et al. 2007. CRISPR provides acquired resistance against viruses in prokaryotes. Science, 315（5819）：1709-1712.

［5］Bhaya D, Davison M, Barrangou R. 2011. CRISPR-Cas systems in bacteria and archaea：versatile small RNAs for adaptive defense and regulation. Annual Review of Genetics, 45（1）：273-297.

［6］Bibikova M, Golic M, Golic K G, et al. 2002. Targeted chromosomal cleavage and mutagenesis in *Drosophila* using zinc-finger nucleases. Genetics, 161（3）: 1169-1175.

［7］ Bitinaite J, Wah D A, Aggarwal K, et al. 1998. Fok I dimerization is required for DNA cleavage. Proceedings of the National Academy of Sciences of the United States of America, 95（18）: 10570-10575.

［8］ Boch J, Scholze H, Schornack S, et al. 2009. Breaking the code of DNA binding specificity of TAL-type III effectors. Science, 326（5959）: 1509-1512.

［9］ Bolotin A, Ouinquis B, Sorokin A, et al. 2005. Clustered regularly interspaced short palindrome repeats（CRISPRs）have spacers of extrachromosomal origin. Microbiology, 151（8）: 2551-2561.

［10］ Doudna J A, Charpentier E. 2014. The new frontier of genome engineering with CRISPR-Cas9. Science, 346（6213）: 1077-1086.

［11］ Gaj T, Gersbach A, Barbas F. 2013. ZFN, TALEN, and CRISPR/Cas-based methods for genome engineering. Trends in Biotechnology, 31（7）: 397-405.

［12］ Gurlebeck D, Thieme F, Bonas U. 2006. Type III effector proteins from the plant pathogen *Xanthomonas* and their role in the interaction with the host plant. Journal of Plant Physiology, 163（3）: 233-255.

［13］ Haft D H, Selengut J, Mongodin E F, et al. 2005. A guild of 45 CRISPR-associated（Cas）protein families and multiple CRISPR/Cas subtypes exist in prokaryotic genomes. PLos Computational Biology, 1（6）: 474-483.

［14］ Jansen R, van Embden J D A, Gaastra W, et al. 2002. Identification of genes that are associated with DNA repeats in prokaryotes. Molecular Microbiology, 43（6）: 1565-1575.

［15］ Jinek M, Chylinski K, Fonfara I, et al. 2012. A programmable dual-RNA-guided DNA endonuclease in adaptive bacterial immunity. Science, 337（6096）: 816-821.

［16］ Klug A, Rhodes D. 1987. Zinc fingers: a novel protein fold for nucleic acid recognition. Cold Spring Harbor Symposia on Quantitative Biology, 52（1）: 473-482.

［17］ Klug A. 2010. The discovery of zinc fingers and their development for practical applications in gene regulation and genome manipulation. Quarterly Reviews of Biophysics, 43（1）: 1-21.

［18］ Lander E S. 2016. The heroes of CRISPR. Cell, 164（2）: 18-28.

［19］ Li T, Huang S, Zhao X F, et al. 2011. Modularly assembled designer TAL effector nucleases for targeted gene knockout and gene replacement in eukaryotes. Nucleic Acids Research, 39（14）: 6315-6325.

［20］ Maeder M L, Thibodeau-Beganny S, Osiak A, et al. 2008. Rapid "Open-Source" engineering of customized zinc-finger nucleases for highly efficient gene modification. Molecular Cell, 31（2）: 294-301.

［21］ Miller J C, Holmes M C, Wang J B, et al. 2007. An improved zinc-finger nuclease architecture for highly specific genome editing. Nature Biotechnology, 25（7）: 778-785.

［22］ Miller J C, Tan Y, Qiao G J, et al. 2011. A TALE nuclease architecture for efficient genome editing. Nature Biotechnology, 29（2）: 143-149.

［23］ Pace N J, Weerapana E. 2014. Zinc-binding cysteines: diverse functions and structural motifs. Biomolecules, 4（2）: 419-434.

［24］ Pennisi E. 2012. The tale of the TALEs. Science, 338（6113）: 1408-1411.

[25] Reyon D，Tsai S Q，Khayter C，et al. 2012. FLASH assembly of TALENs for high-throughput genome editing. Nature Biotechnology，30（5）：460-465.

[26] Sander J D，Cade L，Khayter C，et al. 2011. Targeted gene disruption in somatic zebrafish cells using engineered TALENs. Nature Biotechnology，29（8）：697-698.

[27] Sander J D，Dahlborg E J，Goodwin M J，et al. 2011. Selection-free zinc-finger-nuclease engineering by context-dependent assembly（CoDA）. Nature Methods，8（1）：67-94.

[28] van der Oost J，Jore M M，Westra E R，et al. 2009. CRISPR-based adaptive and heritable immunity in prokaryotes. Trends in Biochemical Sciences，34（8）：401-407.

[29] Wan H，Hu J P，Li K S，et al. 2013. Molecular dynamics simulations of DNA-free and DNA-bound TAL effectors. PLos One，8（10）：12-24.

[30] Wright D A，Thibodeau-Beganny S，Sander J D，et al. 2006. Standardized reagents and protocols for engineering zinc finger nucleases by modular assembly. Nature Protocols，1（3）：1637-1652.

第9章

人工合成基因组

前面几章分别对DNA的结构、合成方法、测序技术及编辑技术进行了详细介绍，这些方法与技术的不断发展使科学家们能够人工设计并合成生物基因组。1970年，Khorana等第一次人工合成酵母丙氨酸tRNA基因，合成基因组学的发展自此拉开序幕。2002年，Cello等成功合成长度为7.5 kb的脊髓灰质炎病毒后，人工基因组合成研究受到越来越广泛的关注，研究目标也由合成病毒基因组到合成原核基因组，再转变为合成真核基因组。在这些研究中，Jef D.Boeke教授于2006年提出的人工合成酵母基因组计划（Sc2.0）是具有代表性的工作。本章围绕人工合成基因组展开，主要介绍人工合成基因组研究的重要成果。

一、人工合成病毒基因组

病毒是一种利用核酸和蛋白质等"元件"的装配实现大量繁殖的非细胞生物，具有核心和衣壳，核心位于病毒体的中心，由核酸构成，为病毒的复制、遗传和变异提供遗传信息；衣壳是包围在核酸外面的蛋白质外壳，二者形成核衣壳。

病毒基因组具有以下特点：

1.仅含有一种遗传物质，DNA或RNA。

2.比真核和原核生物小，但不同病毒基因组的大小差别很大，例如，乙肝病毒DNA只有3 kb大小，所含信息量也较小，只能编码4种蛋白质，而痘病毒的基因组有300 kb，可以编码几百种蛋白质。

3.存在基因重叠现象，即同一段DNA片段能够编码两种或两种以上的蛋白质分子。重叠基因有多种重叠方式，例如，大基因内包含小基因、前后两个基因首尾重叠一个或两个核苷酸、几个基因有一段核苷酸序列重叠在一起等。

4.病毒基因组有连续的也有不连续的，某些RNA病毒的基因组为不连续的片段。有些病毒的基因组RNA是节段性的，由不连续的几条链组成。如流感病毒的基因组由8条RNA分子构成，每条RNA分子都含有编码蛋白质分子的信息。呼肠孤病毒的基因组由10个双链RNA片段组成，每段RNA分子都编码一种蛋白质。

1970年，Khorana用化学方法人工合成了含有77 bp的酵母丙氨酸基因。此后，DNA合成技术快速发展，多种具有活性的病毒基因组被合成出来。

（一）人工合成脊髓灰质炎病毒

脊髓灰质炎病毒是一种小核糖核酸病毒科肠道病毒，体积非常小，直径为20～30 nm，呈二十面体对称，基因组长7.5 kb。2002年8月，纽约州立大学Wimmer课题组的Cello等耗时3年合成了第一个人工合成的病毒——脊髓灰质炎病毒。这是一种RNA病毒，它侵入细胞后，在RNA依赖的聚合酶、病毒蛋白及其他相关蛋白的协同作用下，转录为负链，并以此为模板合成新的病毒基因组。该研究小组用化学方法合成了与病毒基因组RNA互补的DNA（complementary DNA，cDNA）。从头合成cDNA，首先将平均长度为69 nt的寡核苷酸组装为400～600 bp的片段。然后将这些片段分别连接到质粒载体中进行测序。连接带有重叠序列的400～600 bp片段，生成3个较大的DNA片段，分别为1.9 kb、2.7 kb和3.0 kb。最后，通过共同的特异性限制性内切酶的酶切位点逐步组装3个DNA片段，得到带有T7 RNA聚合酶启动子的全长脊髓灰质炎病毒cDNA。化学合成后，cDNA在体外RNA聚合酶的作用下被转录成病毒RNA，在HeLa细胞提取物中复制和翻译，最终从头合成传染性脊髓灰质炎病毒。

将合成的脊髓灰质炎病毒注射到CD155转基因小鼠体内，会导致小鼠脊椎麻痹、瘫痪，甚至死亡。一系列分析证明，人工合成的病毒与天然病毒有相同的生物化学活性和病原体特征。这项工作开创了不使用天然模板，仅利用已知基因组序列从化学单体合成感染性病毒的先河。

（二）人工合成φX174噬菌体基因组

φX174噬菌体呈二十面体颗粒状。存在于自然界的φX174的基因序列共有5386个碱基、11个基因。φX174噬菌体的染色体是第一个纯化到均质的DNA分子，因此它被用于许多具有里程碑意义的实验中。2003年12月，Venter研究组人工合成了φX174噬菌体基因组。经实验证明，人工合成的病毒基因组不仅可以指导与天然病毒蛋白质同样的蛋白质的合成，它们同样可以侵染宿主细胞。Venter研究组为了缩短合成大片段DNA的时间，对之前的合成方法进行了改进，他们首先设计并化学合成寡核苷酸，凝胶纯化寡核苷酸后利用LCR与PCA相结合的方法，精确合成了5～6 kb的DNA片段，再经测序验证，最后仅用14天就成功合成了φX174噬菌体基因组（图9-1）。将人工合成的基因组DNA注入宿主细胞后，宿主细胞产生了同感染真正φX174噬菌体细胞一样的反应。

最终，通过DNA测序和噬菌体侵染实验证明，利用化学法合成由寡核苷酸构建的基因组具有准确性。这种寡核苷酸合成系统，可以从一个高保真度的合成寡核苷酸库中快速、准确地组装任意5～6 kb大小的DNA片段。虽然实验仅涉及简单的生物系统合成，但该研究实现了快速且精准合成较长DNA片段，为随后操作较复杂生命体（原核生物）的研究奠定了基础。

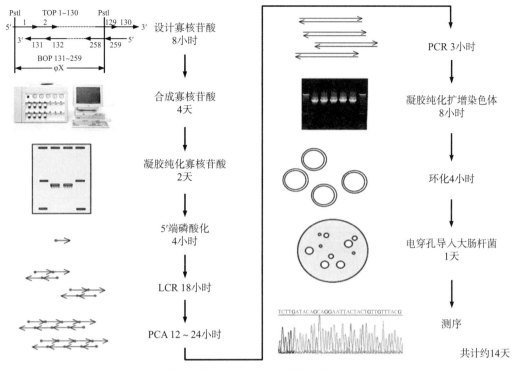

图9-1 φX174基因组的设计合成步骤示意图

二、人工合成原核生物基因组

支原体是能够自主生长的最简单细胞，其基因组较小，因此它们成为合成基因组学研究的最佳对象。在细菌基因组合成方面，JCVI（J. Craig Venter Institute）研究所的工作最具有代表性（表9-1）。1995年，JCVI研究所完成生殖支原体（*M. genitalium*）的全基因组测序。2008～2009年，该研究所利用化学法合成生殖支原体全基因组，并实现了细胞间基因组移植。由于生殖支原体在实验室培养条件下生长缓慢，他们选择了两种可以在实验室培养条件下较快生长的支原体——蕈状支原体（M.mycoides）作为基因组供体，山羊支原体作为细胞环境受体，利用已经建立的技术体系实现了"合成细胞"的设计和构建。2016年，他们将蕈状支原体的985个基因缩减为473个，得到了能够正常表达功能的最小基因组。

表9-1 JCVI合成基因组学研究的里程碑事件

年份	事件
1995年10月	完成生殖支原体全基因组测序工作，生殖支原体共580 kb，编码约480个基因
1999年12月	采用转座子随机突变的方法初步确定生殖支原体有265～350个必需基因
2003年12月	仅用14天的时间完成了噬菌体φX174全基因组的人工合成
2006年1月	采用单基因突变方法对生殖支原体的必需基因进行精确筛选，确定了382个基因是必需的

续表

年份	事件
2007年8月	实现细菌之间的基因组移植，将蕈状支原体基因组植入山羊支原体的裸细胞中，产生出新的蕈状支原体
2008年2月	首次人工合成原核生物基因组，成功化学合成、组装并克隆出生殖支原体的全基因组
2008年12月	在酵母中，使用25个DNA片段一步组装得到生殖支原体基因组
2010年5月	成功研究出一个由化学合成基因组控制的细菌细胞
2016年3月	设计并合成了蕈状支原体最小功能性基因组

（一）人工合成生殖支原体基因组

生殖支原体是已知生命体中基因组最简单的一种原核生物，它只有1条染色体、517个基因。2008年2月，Venter研究组合成了生殖支原体基因组DNA，这是第一个人工合成的原核生物基因组。当时的合成技术只能完整合成32 kb的聚酮合酶基因组，而他们提供了一种简单可靠的方法，合成了582 970 bp的 *M. genitalium* JCVI-1.0基因组。JCVI-1.0被视为合成基因组学的里程碑。人工合成生殖支原体基因组的五级装配方案和体外组装过程见图9-2、图9-3。他们将供应商提供的5 ~ 7 kb DNA片段体外重组得到约24 kb（A组）、72 kb（B组）和144 kb（C组，1/4基因组）的中间组件。最后在酿酒酵母体内完成了290 kb（D组，1/2基因组）和580 kb（E组，全基因组）大片段DNA的合成。

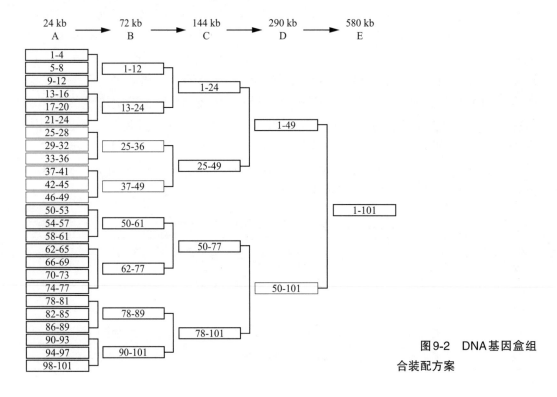

图9-2　DNA基因盒组合装配方案

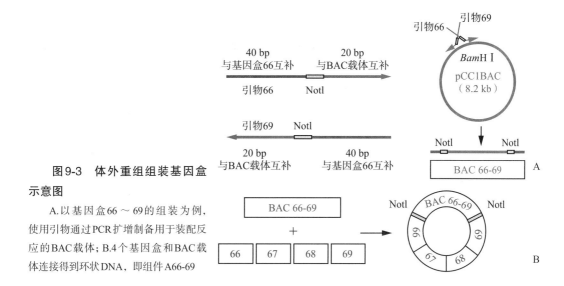

图9-3　体外重组组装基因盒示意图

A.以基因盒66～69的组装为例，使用引物通过PCR扩增制备用于装配反应的BAC载体；B.4个基因盒和BAC载体连接得到环状DNA，即组件A66-69

随着合成序列的增长，基因组的合成效率会下降。之前，有研究人员成功将一个人基因组中相对较大的目的片段插入到酵母载体中得到了带有目的片段的环形酵母载体。受此启发，Venter等在构建较长的D和E系列组件时（图9-2），没有继续使用之前的合成策略，而是在酵母体内利用同源重组完成剩下基因组的合成工作。结果发现，两个长度为基因组1/4的DNA片段在酵母载体中可以高效克隆产生半个基因组。某些高效的酵母细胞能够将6个分开的DNA片段重组成一个环形DNA分子。这种在一步反应中能够装配多个DNA分子的能力使酵母在建立重组基因组库中发挥着重要的作用。

（二）人工合成蕈状支原体基因组控制的细胞

由于生殖支原体在实验室培养条件下生长缓慢，Venten研究组选择了两种生长快速的支原体进行实验，即蕈状支原体（供体）和山羊支原体（受体）。2010年5月20日，Venter研究组成功合成了蕈状支原体（*M.mycoides*）基因组，并在山羊支原体细胞中成功复制、翻译和传代，发明了第一个由人造基因组控制的活细胞。

由于供体细胞（蕈状支原体）和受体细胞（山羊支原体）共用同一套限制性核酸内切酶系统，且天然的供体基因组都是经甲基化修饰的，因此，人工合成的基因组DNA也需要在体外利用甲基化酶进行修饰。Venter小组的研究人员分三个阶段组装人工合成的基因组（图9-4）。合成蕈状支原体基因组后，先进行甲基化修饰，再将其移植入山羊支原体受体细胞内。细胞在含四环素和X-Gal的SP4培养基中经过不断分裂传代最终只剩下由合成DNA控制、含有山羊支原体细胞质的人工嵌合体细胞。该人造细胞表现出蕈状支原体的生长特性。

含有合成型蕈状支原体基因组（*M. mycoides* JCVI-syn1.0）的细胞可以自我复制，具有对数生长的能力。在电镜下观察到*M. mycoides* JCVI-syn1.0细胞为很小的卵形细胞，周围包裹着细胞质膜。蛋白质组学分析发现，*M. mycoides* JCVI-syn1.0细胞表达的蛋白与野生型具有高度一致性。

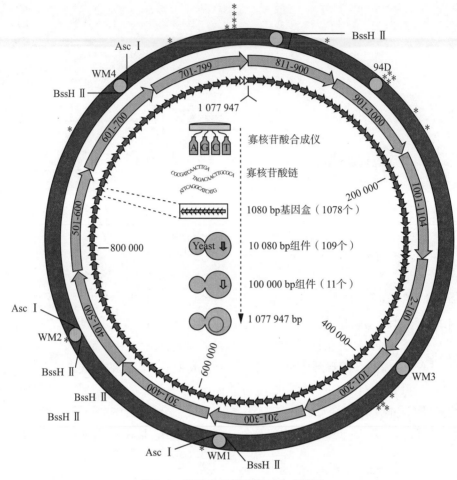

图9-4 蕈状支原体基因组合成策略

这种合成基因组的方法与之前利用插入、去除和置换法修饰天然基因组获得合成基因组的方法明显不同。该工作证明了依靠电脑设计的基因组序列可以得到人工合成细胞。

(三) 人工合成最小基因组

为深入了解细胞中每个基因的分子和生物学功能，2016年，Venter研究组通过删除428个非必需基因对全长1.08 Mb的JCVI-syn1.0序列进行重新设计，获得了长约531 kb、携带473个基因的基因组，化学再造了自然条件下可以自我复制的最小功能性基因组（JCVI-syn3.0）。

基因组设计为8个片段，每个片段（1/8基因组）都可以与7/8的syn1.0基因组（完整的JCVI-syn1.0基因组）组装进行生存能力测试。使用PCA将带有重叠序列的寡核苷酸组装为1.4 kb的DNA片段，消除合成错误后组装和克隆无错误的7 kb基因盒，滚环扩增（RCA）后在酵母体内组装得到完整的JCVI-syn3.0（图9-5）。经过四轮"设计—构建—测试"的循环，从JCVI-1.0模板中剥离了428个基因，得到编码

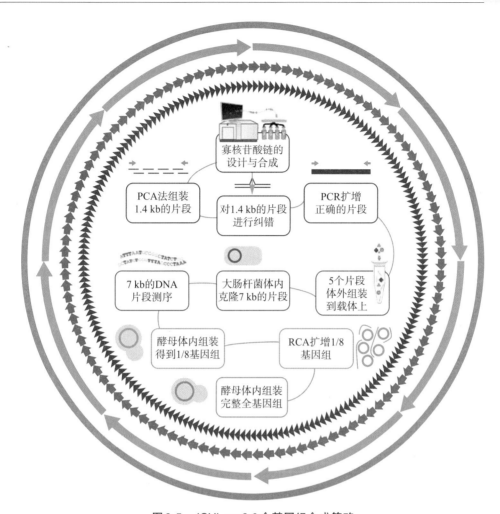

图9-5　JCVI-syn3.0全基因组合成策略

473个必需和准必需基因的JCVI-syn3.0，研究证明在实验室条件下删除非必需基因，组装功能性基因组形成活细胞可以实现。

JCVI-syn3.0创造性地将"自上而下"基因删除策略与"自下而上"基因组人工合成策略相结合，获得了最小细菌基因组，为进行全基因组化学合成提供了全新的研究平台。

（四）人工重编码大肠杆菌基因组

重编码是指对遗传密码子进行改造，比如在基因组中减少或者增加密码子。全基因组的重编码是获得自然界正交生命系统或者新功能的强大工具。一旦某个密码子在基因组水平被全部取代，其对应的tRNA被删除，重编码的生物就无法再使用此密码子，该生物会与其他病毒、质粒或者正常的细胞产生遗传隔离。

2016年，George Church等尝试将大肠杆菌的64个密码子压缩为57个密码子，提出先将4 Mb的基因组拆分成87个约50 kb大小的片段，并单独构造片段替换的菌株，再整合到同一个基因组中的设想（图9-6）。在该研究中，他们通过实验验证了63%（2.5 Mb）的基因序列是正确的，成功保留了91%必需基因的功能。一旦完全组装，所得的菌株将仅含有57个密码子。此设想为后续对大肠杆菌基因组的研究奠定了基础，证明了从头设计细菌基因组的可行性。

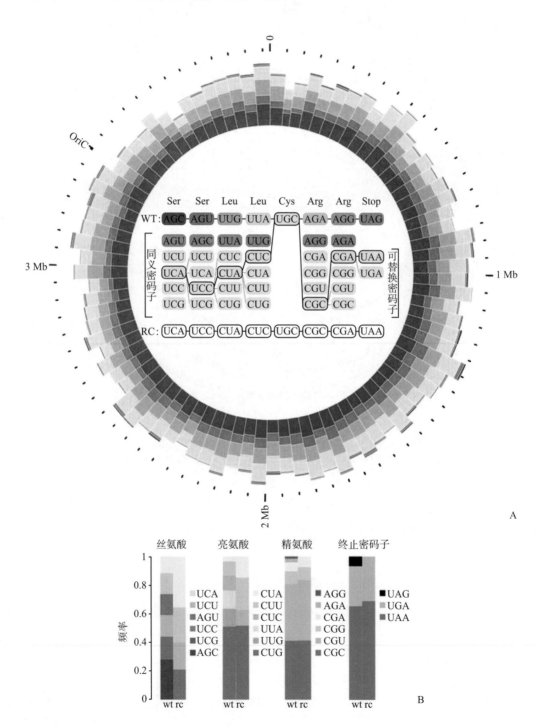

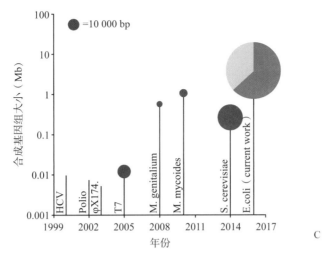

图9-6 同义密码子替换设计示意图

A.重编码的基因组被分为87个长度为50 kb的片段，密码子AGA、AGG、AGC、AGU、UUA、UUG和UAG被同义密码子替代，其他密码子（如UGC）保持不变；B.对比野生型（wt）和重编码（rc）基因组中不同密码子出现的频率；C.1999～2017年人工合成基因组大小对比

（五）人工合成大肠杆菌基因组

2019年，Jason Chin研究员领导的团队成功为大肠杆菌完整基因组重新编写了遗传密码子。在这项研究中，Jason Chin团队通过人工合成、替换的方式，将大肠杆菌全基因组的64个密码子缩减到61个密码子，这是在全基因组水平上进行的最大规模的密码子重编写工作。

研究人员将约4 Mb的大肠杆菌基因组共划分为8个大片段，每个大片段再细分为100 kb左右的4～5个模块。通过体外DNA合成，构建出长度约10 kb的DNA片段，再利用酵母细胞的同源重组，将10条左右的10 kb DNA片段拼接为包含了长约100 kb模块的BAC（图9-7）。

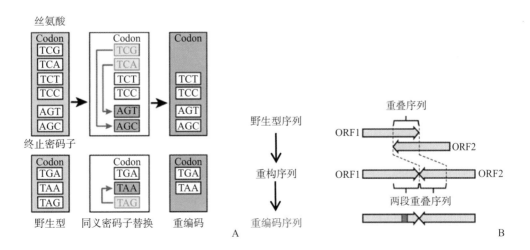

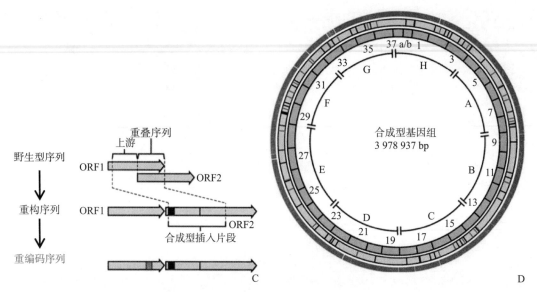

图9-7 密码子替换及重构设计示意图

A.基于同义密码子替换的重编码方案。灰色框中显示了野生型大肠杆菌基因组中使用的丝氨酸同义密码子和三个终止密码子。红色箭头表示同义密码子替换的重新编码方案,将丝氨酸密码子TCG和TCA替换为AGT和AGC,终止密码子TAG替换为TAA。B.3′-3′方向重叠的重构,两个开放阅读框(open reading frame,ORF)(ORF1和ORF2)之间的重叠序列是重复的,这些ORF能够独立重新编码(红色片段)。C.5′-3′方向重叠的重构。重叠区域加上上游20 bp构成合成插入片段。当上游ORF末端的重叠长度大于1 bp时,在合成插入片段的开始处插入一个TAA,下游ORF的全长翻译即从合成插入物中的重构核糖体结合位点开始。此重构使ORF能够独立重新编码(红色片段)。D.外圈红色条是所有TCG-AGC、TCA-AGT和TAG-TAA编码的位置。灰色环中12个绿色条是重叠中设计的沉默突变的位置,21个蓝色条是3′-3′重叠的重构,58个黑色条是5′-3′重叠的重构,最里面37个片段(约100 kb)组成的粉红环,是合成型基因组

　　基于此前开发的程序重组(REXER)技术,BAC在同源模块两端具有特殊的选择标记,电转化进入大肠杆菌细胞中后,利用CRISPR/Cas9技术替换DNA片段,通过在大肠杆菌中迭代地进行REXER,每轮循环替换约100 kb的基因组,最终实现使用人工合成的序列替换大肠杆菌的整个基因组。

　　研究人员对大肠杆菌MDS42的开放阅读框中编码丝氨酸的密码子TCG、TCA分别替换为同义的AGC、AGT,将终止密码子TAG全部替换为TAA。这3种替换所涉及变更的密码子总计18 218个,新合成的株系被命名为Syn61,表示仅用61个密码子组成的由人工合成基因组控制的全新生命体。尽管在全基因组范围内检测到有8个非预期突变,但这些突变对相关基因的表达没有产生影响。

三、人工合成酵母基因组

(一)酿酒酵母基因组结构特点

1.酿酒酵母的测序工作　酿酒酵母实验菌株S288c的测序工作于1996年完成,

S288c是第一个完成基因组测序的真核生物，成为之后基因组研究的主要真核模式生物。

不同菌株的基因组测序揭示了酵母菌株之间存在大量的遗传变异，特别是单核苷酸多态性（single nucleotide polymorphisms，SNP）水平变异，如菌株S288c和菌株YJM789之间约有60 000个SNPs（0.6% ～ 0.7%的碱基变异）。DNA测序技术迅速发展，目前可以为不同的酵母菌株基因组测序，成为揭示酵母菌多样性的重要研究手段。

2.酿酒酵母的基因组结构特点 酵母细胞有单倍体和二倍体两种生活形态。单倍体的生活史较简单，通过有丝分裂繁殖，在环境压力较大时会死亡。二倍体细胞（酵母的优势形态）既可以通过简单的有丝分裂繁殖，还能在外界条件不佳时进行减数分裂，生成单倍体孢子，单倍体可以交配，重新形成二倍体。酵母有两种交配类型，称作a和α（图9-8）。

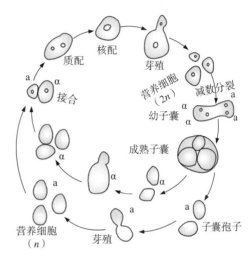

图9-8 酿酒酵母生活史

酿酒酵母基因组包含约1200万个碱基对，单倍体细胞含有16条染色体，其中第 Ⅰ 条染色体最短，第 Ⅳ 条染色体最长。酿酒酵母基因组中没有明显的操纵子结构，基因间的平均间隔为600 bp，酿酒酵母中编码蛋白质的基因约4%含有内含子。通过对酿酒酵母进行全基因组测序，发现在12 068 kb的全基因组序列中有6275个编码专一性蛋白质的ORF，这意味着在酵母基因组中有72%的核苷酸顺序由ORF组成。

（二）人工合成酵母基因组计划的产生及意义

1989年，酵母基因组测序计划启动。1996年，酿酒酵母基因组的测序工作完成。通过测序，研究发现了酿酒酵母的16条染色体、12.07 Mb的基因组序列，同时发现了约2000个未知功能的基因。一旦将这些未知功能基因的功能研究透彻，可加深人们对酵母生命过程的认识，与酿酒酵母相关的工作也可以更加深入。1996年，欧洲成立了联合研究组织EUROFAN（European Functional Analysis Network），旨在完成对酵母未知功能基因的研究标注工作（Sc1.0计划）。随着基因功能标注工作的完成，越来越多关于酵母研究的文章发表，人们对酵母生命过程的认识达到了一个新的水平。2006年，Jef D.Boeke教授提出人工合成酵母基因组计划（Sc2.0），该计划旨在合成世界上首个真核生物基因组，是合成基因组学研究的标志性国际合作项目。

Sc2.0是基因组合成领域的里程碑项目，也是人类首次尝试改造并从头合成真核生物，该项目由中国、美国、英国、法国、澳大利亚、新加坡等国家的多个研究机构参与合作，旨在重新设计并合成酿酒酵母的全部16条染色体，实现酵母生命源代码的完全人工编写。酿酒酵母通过同源重组很容易与外来DNA结合，这一特性使生物学家可以轻易改变特定DNA的碱基。酿酒酵母作为真核模式生物在发酵、医药、食品和生物等领域均具有十分广泛的应用。设计和合成酿酒酵母基因组，不仅有利于人类对生物学基本问题的探索，还有利于酿酒酵母在工业、农业中的充分开发和利用。

（三）人工合成酵母基因组设计原则

Sc2.0项目开发了用于真核基因组设计的开源计算机软件BioStudio，用以辅助酿酒酵母研究专家进行基因组的定制化设计。此软件可用于从核苷酸到基因组尺度DNA序列的设计与修饰。在酿酒酵母染色体设计过程中，酵母遗传学专家和计算机专家使用BioStudio可以方便地进行交流并追踪各种设计与变化。

2011年，Jef D.Boeke课题组提出设计合成酿酒酵母染色体的3个基本原则：①设计合成后，合成型菌株与野生型菌株的表型应尽可能相似，即设计不影响菌株正常生长；②设计菌株时，需要转移tRNA基因的位置，删掉转座子、内含子、亚端粒等不稳定的部分和基因组功能非必需的部分，尽可能保持设计后菌株的稳定性；③增加基因组操作的灵活性，促进未来对酿酒酵母染色体更深入的研究。简而言之，就是保持人工合成细胞生长状态接近野生型、增加基因组稳定性和增强遗传操作灵活性。

2017年，Richardson等完成了基于上述3个原则的酿酒酵母基因组总设计方案。在总设计方案中，删除tRNA、重复序列等长度共计0.15 Mb，替换TAG/TAA终止密码子1416处，设计并引入合成型PCR标签长度共计0.19 Mb。利用密码子同义突变还引入了许多限制性核酸内切酶位点（RE site），长度共计16 080 bp。此外，在酿酒酵母基因组的整体设计中，非必需基因的3′端都引入了LoxPsym位点，共计3932个。设计后基因组长度为11.35 Mb。LoxPsym序列长度为34 bp，左右两端13 bp序列为反向重复序列，中间为8 bp间隔序列。LoxPsym位点序列是回文结构的LoxP序列，诱导表达Cre酶后可在LoxPsym位点处实现片段的插入、重复、易位、倒位及删除。基因组整体构建完成后，引入大量的LoxPsym位点，发生的重组将使基因组结构产生巨大变化，使染色体或基因组发生基因重排，实现基因组的快速进化，这种重排机制被称为SCRaMbLE系统（synthetic chromosome recombination and modification by LoxP-mediated evolution）。合成型酿酒酵母体内的SCRaMbLE系统，将会加速合成型染色体的进化过程，快速获得不同酵母基因组的文库，从而获得大量不同基因型和表型的合成型酵母。SCRaMbLE系统为挖掘基因组新表型和提升生物性能建立了一个新平台。

（四）Sc2.0目前取得的成果

Sc2.0项目采取了科学研究与本科教学相结合的策略，美国约翰·霍普金斯大学和中国天津大学分别开展了"合成基因组"（Build-A-Genome，BAG）本科生课程，并在BAG课程中完成了合成型染色体DNA片段的构建工作。

为了加快Sc2.0项目的完成，合成单个染色体的组装任务分给了世界各地的不同团队（图9-9）。其中，中国研究机构负责合成Ⅱ号、Ⅴ号、Ⅶ号、Ⅹ号、Ⅻ号、ⅩⅢ号这6条染色体。2014年，美国霍普金斯大学Jef D.Boeke课题组首先设计并合成了酿酒酵母Ⅲ号染色体。2017年，天津大学、清华大学和深圳华大基因研究院完成4条真核生物酿酒酵母染色体人工合成，其中2条染色体由天津大学研究团队完成。2018年，覃重军研究团队首次人工创建了只含有单条染色体的酿酒酵母菌株，与此同时，Jef D.Boeke课题组也成功创建了只含有两条染色体的酿酒酵母菌株。这意味着人类在设计并合成复杂人工生命的过程中取得了重大进展，我国也成为继美国之后第二个具备真核基因组设计与构建能力的国家。

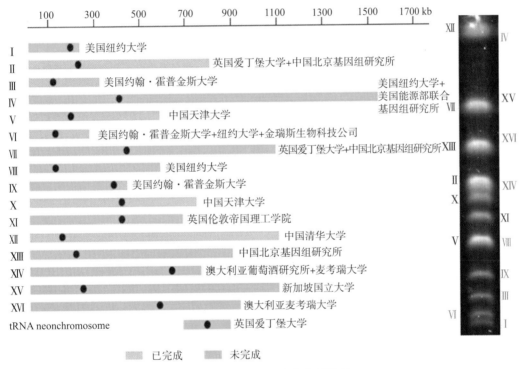

图9-9 Sc2.0项目任务分配情况

1.人工合成酿酒酵母Ⅸ号染色体右臂和部分Ⅵ号染色体左臂 最先被设计合成的Ⅸ号染色体右臂是基因组中最小的染色体臂，由于它具有几个重要的基因组元素，因此比较适合进行初步研究。美国Jef D.Boeke课题组选取了染色体上从*YIL002W*基因到右臂端粒部分的序列进行从头设计合成。该区域位于野生型基因组350 585～438 993 bp区段。设计删去目标序列中的一个tRNA基因、反转录转座子元件（Ty）和端粒序列，并将所有的TAG终止密码子都替换为TAA终止密码子，在序列中引入合成型PCR标签和LoxPsym位点。

他们利用同样的方法设计了Ⅵ号染色体左臂的一个30 kb端粒片段，合成的部分Ⅵ号染色体左臂只包含5个LoxPsym位点，在半合成型菌株中，替换了15.7%的天然染色体。

将环形Ⅸ号染色体右臂（*Syn*Ⅸ*R*）导入野生型二倍体酵母中，并以*LEU*作为营养标签进行筛选。同时，将截断了的野生型Ⅸ号染色体右臂替换为同时带有 *URA* 标签和右臂端粒的 DNA 片段，获得带 *URA* 但不含野生染色体右臂基因的Ⅸ号染色体，即Ⅸ号染色体左臂（*Syn Ⅸ L*）。通过对二倍体细胞Ⅸ号染色体进行拆分，将野生型的Ⅸ号染色体、*Syn Ⅸ L* 以及环形 *Syn Ⅸ R* 相互分离，最终通过 *LEU* 和 *URA* 双标签筛选以及合成型 PCR 标签的验证，获得同时含有 *Syn Ⅸ L* 和 *Syn Ⅸ R* 的单倍体酵母（*Syn Ⅸ R* 酵母）。

得到 *Syn Ⅸ R* 酵母后，对合成型右臂部分的 RNA 丰度即转录组进行分析。结果显示，*Syn Ⅸ R* 酵母的转录组与野生型酵母转录组没有明显差异，基本证明设计后的环形 *Syn Ⅸ R* 与野生型Ⅸ R 在功能上具有一致性。随后在 *Syn Ⅸ R* 酵母中诱导表达 Cre 重组酶，通过合成型 PCR 标签进行筛选验证，证实 LoxPsym 位点间能够发生序列重排。通过传代培养证明引入的 LoxPsym 位点可以稳定存在并正常发挥功能。

这项研究工作定义了合成酿酒酵母基因组设计的 3 个基本原则，证明了 SCRaMbLE 系统在酿酒酵母体内能够产生复杂的基因型和多种表型，完全由人工合成的基因组能够进行大规模重组，为后续合成完整的酿酒酵母染色体工作提供了指导。

2. 人工合成酿酒酵母Ⅲ号染色体　2014 年，Jef D.Boeke 课题组完成了酿酒酵母Ⅲ号染色体的设计与合成工作。研究人员将合成型酵母基因组导入活的酵母菌株中，所有非必需基因的两侧都引入了 LoxPsym 位点，以便在体内实现诱导进化和基因组还原，为了加快合成速度，在不造成菌株适应性缺陷的前提下删除了大量非必需基因。最终通过对天然序列进行一系列碱基删除、插入和替换编辑，生成所需的设计序列。

酵母Ⅲ号染色体长度较小，仅比Ⅰ号染色体和Ⅵ号染色体长一点，是第一个被测序的酿酒酵母染色体。

构建Ⅲ号染色体的工作包括三个步骤：①构建 750 bp 的 Building Blocks（BBs）；②将 133 个人工合成的Ⅲ号染色体左臂（着丝粒左侧）BBs 和 234 个人工合成的Ⅲ号染色体右臂 BBs 分别组装成 44 个和 83 个重叠的 Minichunk，长 2～4 kb；③将合成型Ⅲ号染色体所有相邻的 Minichunk 设计成一个接一个相互重叠的 BB，以便进一步在体内进行同源重组替换野生型染色体中的 DNA 片段（图 9-10）。

通过比较带有合成型Ⅲ号染色体的酵母与野生型酵母 BY4742 在不同条件下的菌落大小、生长曲线和形态，发现合成型Ⅲ号染色体虽然发生了许多变化，如内含子缺失、tRNA 基因移位、LoxPsym 位点导入等，但几乎没有降低其适应性，野生型酵母与合成型酵母之间的生长差异不大。

酿酒酵母Ⅲ号染色体是第一条被完整合成的酵母染色体，它的合成使酿酒酵母成为设计真核生物基因组生物学研究的基础，对 Sc2.0 计划的发展具有重要影响。

3. 人工合成酿酒酵母Ⅴ号染色体　酿酒酵母Ⅴ号染色体的设计与合成工作由天津大学元英进课题组承担，并于 2017 年完成。研究人员将 CRISPR/Cas9 基因组编辑技术与人工合成基因组相结合，扩展了这两项技术的研究范围和应用领域，为后续基因组合成和基因组编辑的研究与应用提供了借鉴经验。人工合成Ⅴ号染色体过程创建了多级模块化和标准化染色体的合成方法，建立了一步法大片段组装技术和并行式染色

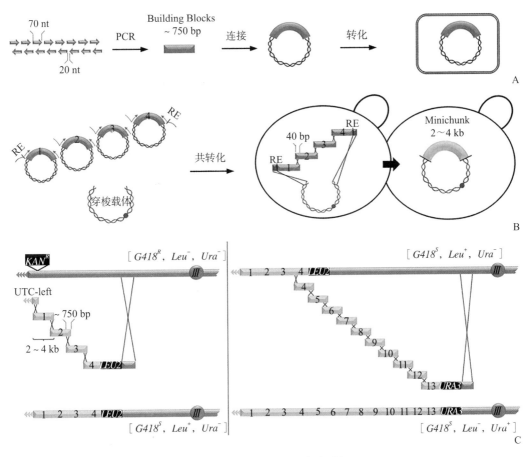

图9-10 Ⅲ号染色体的合成过程

A.BBs的合成。约翰·霍普金斯大学学生在构建基因组课程中利用寡核苷酸合成的750 bp的BBs（紫色）nt：核苷酸。B.在酿酒酵母中通过同源重组组装2～4 kb（黄色）Minichunk。Minichunk的两侧是一个限制性内切酶（RE）酶切位点，Xmal或Notl。C.使用重叠的合成型Minichunk替换野生型片段，编码交替的遗传标记（LEU2或URA3），进行了11轮迭代组装，酵母中的合成型Ⅲ号染色体完全替换了野生型Ⅲ号染色体

体合成策略，实现了由小分子核苷酸到活体真核染色体的精准合成，设计并从头合成了酿酒酵母Ⅴ号染色体。

几乎所有天然的真核染色体都是线性的，两侧有端粒，原核染色体通常是圆形环状的，缺少端粒。酵母虽然是真核生物，但某些酵母核染色体是环状的，在减数分裂过程中有可能形成双着丝粒染色体。研究人员把Ⅴ号染色体设计成环状（图9-11），通过人工基因组设计的特异标签实现对细胞分裂过程中染色体变化的追踪和分析，为当前无法治疗的环形染色体疾病的发生机制和潜在治疗手段建立了研究模型。天津大学BAG课程的61名学生被分为五组，从寡核苷酸开始构建750 bp的BBs到DNA片段的组装，在4个月内完成了Ⅴ号染色体（536 024 bp）基因组的合成。

酿酒酵母Ⅴ号染色体的合成组装过程完成后，研究人员从菌落大小、生长曲线以及细胞形态三个方面对合成型酵母和野生型酵母进行比较。结果表明，合成型酵母与野生型酵母没有明显差别。酿酒酵母Ⅴ号染色体的最终序列与设计序列完全一致，通

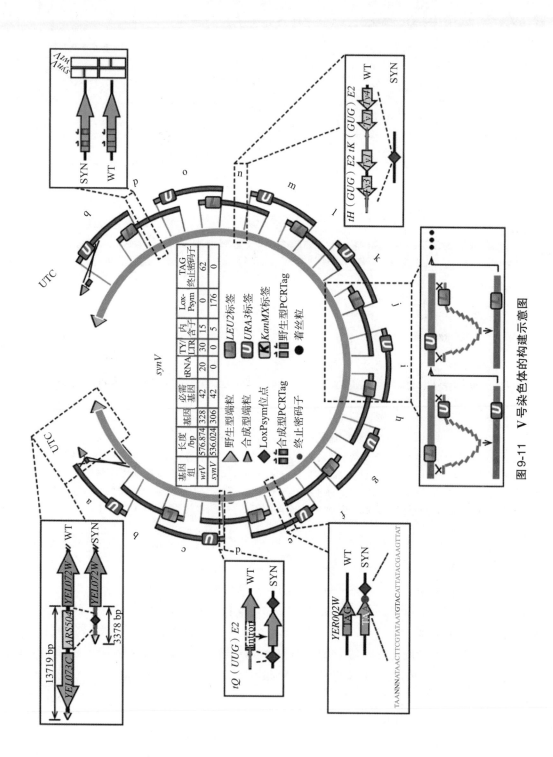

图9-11 V号染色体的构建示意图

基因组	长度/bp	必需基因	tRNA	TY/LTR	内含子	Lox/Psym	TAG终止密码子
wtV	576 874	328	42	20	30	0	62
synV	536 024	306	42	0	15	176	0

过不断对设计进行反馈优化，实现了设计与合成的完美统一。研究开发的基于酿酒酵母PCR标签的缺陷靶点快速定位和修复技术，极大地提高了Sc2.0基因组构建过程中纠错和再设计的能力，为后续染色体的合成工作和超大基因组合成研究提供了借鉴经验。

4.人工合成酿酒酵母X号染色体　2017年，天津大学元英进课题组完成了酿酒酵母X号染色体的设计与合成工作。使用基因组编辑软件BioStudio在计算机上从X号染色体的天然序列开始创建酿酒酵母X号染色体的合成序列，将它分成18个30～60 kb DNA片段组成的Megachunks（A到R），并进一步分成171个Minichunks（约5 kb的DNA片段）。对合成型酿酒酵母X号染色体的修改包括终止密码子的替换、LoxPsym位点的引入、PCR标签的引入以及逆转录转座子、亚端粒重复序列和内含子的删除。酿酒酵母X号染色体从Minichunk开始组装及整合（图9-12）。

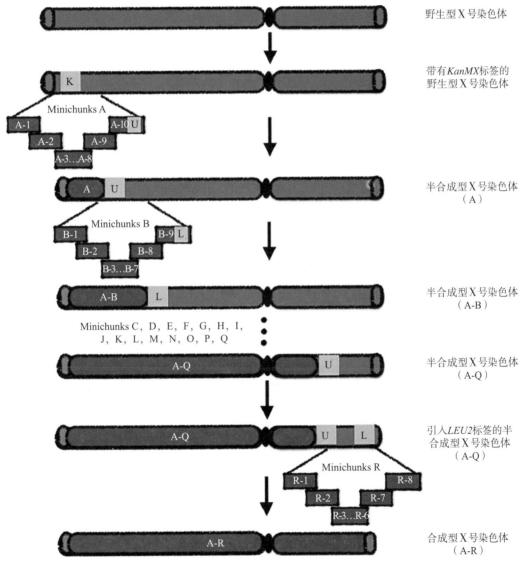

图9-12　合成X号染色体的设计示意图

为了识别染色体装配过程中产生的错误，元英进课题组创建了一种高效定位生长缺陷靶点的方法，即"混菌PCR标签定位技术"（pooled PCRTag mapping，PoPM）。PoPM技术是把平板上表型正常或缺陷的菌落分开单独收集，理论上用合成型PCR标签不能扩增出表型正常组中的目的基因区段，用野生型PCR标签不能扩增出表型缺陷组中的目的基因区段，二者的重叠区域即为出现问题的基因区段。研究人员利用PoPM技术识别适应度降低的序列变化，并将它们恢复为野生型序列，解决了合成型基因组导致细胞失活的难题，并且提供了一种表型和基因型关联分析的新策略，有助于延伸对基因组和细胞功能的认知。利用PoPM技术可迅速对序列出现问题的基因区段进行定位并修补，有利于促进酿酒酵母染色体的合成进程。

5.人工合成酿酒酵母XII号染色体　酿酒酵母XII号染色体的设计与合成工作由清华大学戴俊彪课题组承担并于2017年完成。戴俊彪课题组使用BioStudio设计了33个26～39 kb的Megachunks，每个Megachunk由16～26个大小约为1.6 kb的Minichunk合成，研究人员把每个大片段分成3～8个片段，一段接一段重叠在一起，以便利用"一步法"体外组装，然后进行转化和体内同源重组。

酿酒酵母XII号染色体的组装分两步进行：①将整个XII号染色体分为6段，分别逐步替换到6个不同的酿酒酵母中；②利用酵母减数分裂过程中同源重组的特性，将多个菌株中的合成序列进行合并，获得完整的合成型染色体（图9-13）。

对合成的XII号染色体菌株进行PCR标签分析，发现在预期的位点存在合成PCR标签和天然PCR标签。由于同源基因的存在，7对天然PCR标签在合成中产生了扩增

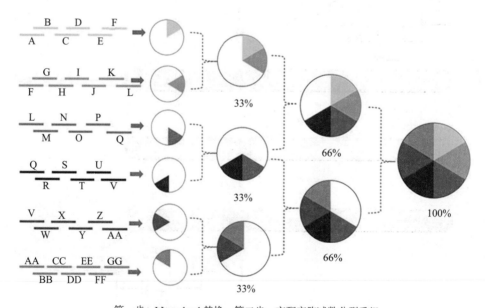

第一步：Megachunk替换，第二步：交配产孢减数分裂重组

图9-13　XII号染色体的设计与分级组装

子。与上述介绍的合成酵母染色体相比，人工合成酵母ⅩⅡ号染色体与天然酵母ⅩⅡ号染色体没有任何明显的尺寸差异。经过培养，生长在富培养基中的人工合成酵母ⅩⅡ号染色体菌株（yeast_chr12_9_02）与天然菌株几乎无法区分。另外，合成型ⅩⅡ号染色体与野生型在功能上具有一致性。

6.人工合成酿酒酵母Ⅱ号染色体 2017年，深圳华大基因公司完成酿酒酵母Ⅱ号染色体的设计与合成工作。同样基于染色体设计的3条原则，利用BioStudio计算机设计软件对Ⅱ号染色体进行重新设计。与之前合成酿酒酵母染色体的策略相比，研究人员设计了I-SceI介导的合成策略用于Ⅱ号染色体结构的替代模块化组装方法（图9-14）。在有丝分裂生长过程中，引入一个I-SceI位点产生双分裂促进靶向同源重组，从而加快并行集成的装配速度，使合成染色体臂能够从两端平行地进行整合。这种合成策略可将Ⅱ号染色体的整体合成时间缩短50%，同时利用该原理设计的纠错方法可以排除潜在的表型缺陷。该研究分别对Ⅱ号染色体的左臂和右臂进行了合成，之后利用同源重组将左臂与右臂整合，得到了完整的Ⅱ号染色体。

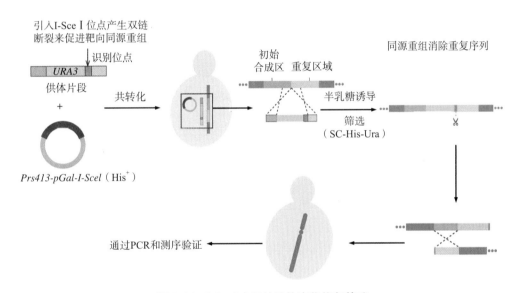

图9-14 I-SceI介导的结构变化修复策略

这种组装策略解决了整合过程中筛选标签的问题，在人工染色体构建当中是一个值得借鉴的组装思路。合成型Ⅱ号染色体的重建过程中有50个单核苷酸发生了突变，2处结构发生突变，5个LoxPsym位点产生了丢失，4处基因被删除。2处结构突变和其余异常的部分用上述I-SceI位点介导的重组方法成功进行了修复。

为了进一步验证合成型Ⅱ号染色体的功能，研究人员在酵母传代过程中对合成型Ⅱ号染色体的稳定性进行了研究，并在转录组学、蛋白质组学及染色体分离和复制等多种组学性质上与野生型酵母进行对比。酿酒酵母Ⅱ号染色体的设计过程中，tRNA、转座子以及某些长末端重复序列位点大多被删除，可能对染色体稳定性、细胞生长方面产生影响。但通过多种组学分析实验发现，除了删除某些tRNA基因引起对应基因表达量的正常变动外，合成型Ⅱ号染色体与野生型Ⅱ号染色体在功能上基本保持一致。

7. 人工合成酿酒酵母Ⅵ号染色体　2017年，美国约翰·霍普金斯大学、纽约大学，以及金瑞斯生物科技公司共同合作完成了酿酒酵母Ⅵ号染色体的设计与合成。酿酒酵母Ⅵ号染色体通过将设计的染色体分割成9个Megachunks（每个30～40 kb）和26个Minichunk（每个约10 kb）并使用SwAP-In进行有效组装。使用标准的基因组装方法产生10 kb的片段，每个10 kb片段都经测序验证序列的准确性。研究人员通过9轮迭代替换将超过240 kb的DNA整合到一个单倍体酵母菌株中以构建酿酒酵母Ⅵ号染色体。

酿酒酵母Ⅵ号染色体的合成组装完成后，研究人员选取合成型Ⅲ号、Ⅵ号染色体和环形Ⅸ号染色体右臂共同转化酵母细胞进行研究。利用核内复制交叉（endoreduplication intercross）构建含有合成型Ⅲ号和合成型Ⅵ号的菌株、含有合成型Ⅲ号和合成环形Ⅸ号染色体右臂的菌株、含有合成型Ⅵ号和合成环形Ⅸ号染色体右臂的菌株，以及同时含有合成型的Ⅲ号、Ⅵ号染色体和环形Ⅸ号染色体右臂的三重合成菌株（triple-syn），triple-syn的合成总量约为6%。在细胞生长和形态方面，triple-syn的酵母细胞倍增时间比野生型酵母增加了15%，细胞菌落比野生型略小。同时含有合成型Ⅲ号和Ⅵ号染色体而不包含环形Ⅸ号染色体右臂的酵母细胞，在细胞生长和形态方面与野生型酵母并没有较大区别。此外，通过转录组学分析发现，triple-syn的酵母细胞中存在两种微型质粒的丢失，这可能是酵母细胞不断传代所导致的。这些研究结果也显示了多种组学分析在合成基因组学研究中的重要性。这项工作为完成Sc2.0奠定了研究基础。

8. 人工合成单条染色体酵母菌株　2018年，覃重军研究团队与合作者耗时4年，在国际上首次人工创建了只含有单条染色体的真核生物酵母细胞，是合成生物学具有里程碑意义的重大突破。研究人员通过连续的端对端染色体融合和着丝粒缺失，在含有16条线性染色体的酿酒酵母单倍体细胞中创造了功能性单染色体酵母。这是第一个在实验室中创建具有单个线型染色体的真核生物的实例。

酿酒酵母BY4742单倍体细胞经过15轮染色体融合，15个着丝粒和30个端粒缺失才能产生单染色体酵母。通过同时去除Ⅶ号染色体右臂（ⅦR）和Ⅷ号染色体左臂（ⅧL）的端粒、长末端重复序列以及其中的着丝粒元件成功构建第一个染色体融合菌株SY0。酿酒酵母Ⅷ号染色体采用相同的配对融合方法，在SY0菌株中进行14轮连续的染色体融合（图9-15）。16条染色体融合成一条巨大的单条线型染色体，最终成功创建为只含一条染色体的酵母SY14菌株。该研究鉴定了SY14菌株的代谢、生理和繁殖功能及其染色体的三维结构。16条染色体的染色体融合导致在亲本细胞中大多数染色体间的相互作用丧失，从而导致整个染色体三维结构发生了显著变化。研究结果表明，单染色体酵母与野生型酵母的转录组和表型谱几乎相同，但其通过减数分裂有性繁殖产生的后代会减少。由此可见，染色体间的相互作用对酵母基因转录的影响非常微小。

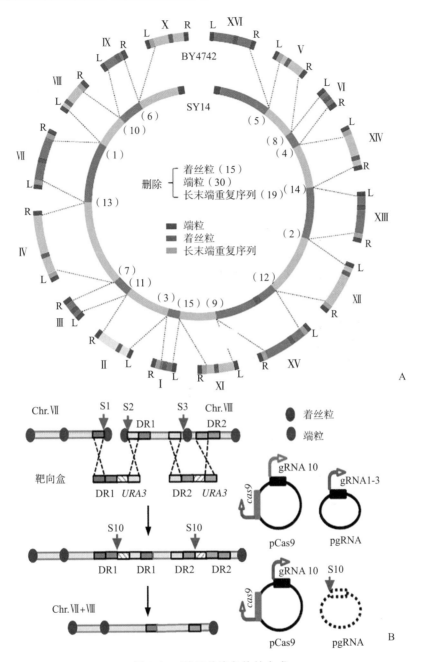

图9-15 酵母单染色体的合成

A. 外环中是BY4742（野生型）的16条天然染色体（Ⅰ～ⅩⅥ），内环上是经历了15次连续的染色体端到端融合得到的SY14单染色体；B. CRISPR-Cas9介导的Ⅶ和Ⅷ染色体融合：在gRNA 1-3的指导下，Cas9核酸酶在端粒（S1和S2位）和着丝粒（S3位点）位点切割，通过与提供的DNA靶向盒进行同源重组来修复断裂的染色体

这项工作为后续研究真核生物染色体结构的进化和功能提供了一种新的方法。该研究所建立的16条染色体连续融合的一系列菌株（SY0～SY14）对于端粒生物学、着丝粒和动粒生物学以及减数分裂重组等研究都具有重要价值。

9.人工合成两条染色体酵母菌株　2018年，Jef D.Boeke课题组成功地通过将酿酒酵母染色体融合在一起构建出只含有两条染色体的酿酒酵母细胞。

Jef D.Boeke课题组使用CRISPR-Cas9技术成功融合酵母染色体，生成一系列近等基因的菌株，染色体数量从2条到16条不等。首先融合所有的小染色体，最大限度地增加融合的染色体数量，达到潜在的染色体臂长度限制。研究人员首先融合了Ⅸ、Ⅲ和Ⅰ号染色体，然后是Ⅴ和Ⅷ，最后是Ⅱ和Ⅵ，产生了一个 $n=12$ 的菌株（图9-16）。按照图中展示的融合步骤，最终得到了一株只携带两条染色体的菌株，每条染色体大约6 Mb。

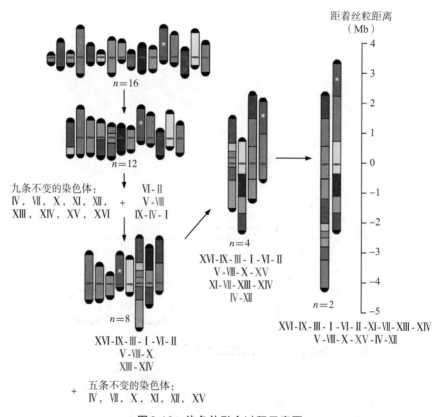

图9-16　染色体融合过程示意图

只含有两条染色体的菌株，其转录产生了一定的变化，但是生长过程没有产生重大缺陷。当将16条染色体的菌株与染色体较少的菌株杂交时，出现两种趋势。当染色体数低于16条时，孢子存活率明显下降，12条染色体的菌株存活率低于10%。随着染色体数目的减少，酵母产孢过程受阻。ⅩⅥ号染色体品系与Ⅷ号染色体品系杂交后，四分体形成率大大降低，产孢率不到1%，无法回收到活孢子。具有8条、4条或2条染色体的菌株对之间进行同型杂交，则能有良好的产孢量和孢子活力，这表明，8轮染色体和染色体之间的融合，足以造成生殖隔离，从而产生了新的菌株。

从2014年至今，6条酿酒酵母人工染色体设计与合成工作相继完成，中国科学家完成了其中4条的合成工作，并各具特点。美国约翰·霍普金斯大学Jef D.Boeke课题组通过对Ⅲ号染色体天然序列进行一系列碱基删除、插入和替换，人工合成了第一条完整的酿酒酵母染色体；天津大学设计合成了与序列完美一致的环状Ⅴ号染色体，同时在Ⅹ号染色体的合成过程中建立了"混菌PCR标签定位技术"对合成型酵母染色体进行纠错与修复；清华大学首次采用分级组装的方式完成了对Ⅻ号染色体的合成。华大基因利用I-SecI位点特异性组装方法对Ⅱ号染色体进行设计合成；美国约翰·霍普金斯大学、纽约大学，以及金瑞斯生物科技公司共同设计合作完成了Ⅵ号染色体的人工合成，首次使用SwAP-In方法进行有效组装。2018年，覃重军课题组将酿酒酵母的16条染色体成功融合为具有完整功能的单条染色体，Jef D.Boeke课题组将16条染色体融合为两条。他们将天然复杂的酵母多条染色体通过人工改造的方法，实现以简约化的形式表现出来。这两项工作是继原核细菌"人造生命"之后的重大突破，为人类对生命本质的研究开辟了新方向。

　　1970年Khorana等第一次人工合成酵母丙氨酸tRNA基因，人类开始了对合成基因组的探索。进入21世纪后，合成基因和基因组的方法得到了空前的重视和发展，从合成简单的碱基序列和插入碱基，到从头合成完整的微生物基因组，合成技术不断进步。随着合成生物学的发展，DNA合成成本持续降低，研究对象也从最初的病毒、细菌，逐步到酵母，其中的层级调控越来越复杂。未来有一天，人类或许能从微观尺度上改造染色体，从而治愈疾病。

参 考 文 献

[1] 徐赫鸣，谢泽雄，刘夺，等. 2017. 酿酒酵母染色体设计与合成研究进展. 遗传，（10）：865-876.

[2] 张今，施维，李桂英，等. 2012. 合成生物学与合成酶学. 北京：科学出版社.

[3] Annaluru N，Muller H，Mitchell L A，et al. 2014. Total synthesis of a functional designer eukaryotic chromosome. Science，344（6179）：55-58.

[4] Benders G A，Noskov V N，Denisova E A，et al. 2010. Cloning whole bacterial genomes in yeast. Nucleic Acids Research，38（8）：2558-2569.

[5] Cann A J. 2016. Principles of Molecular Virology. 5th ed. Principles of Molecular Virology：1-25.

[6] Cello J，Paul A V，Wimmer E. 2002. Chemical synthesis of poliovirus cDNA：Generation of infectious virus in the absence of natural template. Science，297（5583）：1016-1018.

[7] Chun J-Y，Kim K-J，Hwang I-T，et al. 2007. Dual priming oligonucleotide system for the multiplex detection of respiratory viruses and SNP genotyping of CYP2C19 gene. Nucleic Acids Research，35（6）：e40.

[8] Dymond J S，Richardson S M，Coombes C E，et al. 2011. Synthetic chromosome arms function in yeast and generate phenotypic diversity by design. Nature，477（7365）：471-476.

[9] Dymond J，Boeke J. 2012. The *Saccharomyces cerevisiae* SCRaMbLE system and genome minimization. Bioengineered，3（3）：168-171.

[10] Feldmann. 2010. Yeast：Molecular and Cell Biology. 2nd Ed. New Jersey：Wiley-Black well.

［11］Fraser C M, Gocayne J D, White O, et al. 1995. The minimal gene complement of *Mycoplasma genitalium*. Science, 270（5235）: 397-403.

［12］Fredens J, Wang K, De La Torre D. 2019. Total synthesis of *Escherichia coli* with a recoded genome. Nature, 569（7757）: 514-518.

［13］Gibson D G, Benders G A, Andrews-Pfannkoch C, et al. 2008. Complete chemical synthesis, assembly, and cloning of a *Mycoplasma genitalium* genome. Science, 319（5867）: 1215-1220.

［14］Gibson D G, Benders G A, Axelrod K C, et al. 2008. One-step assembly in yeast of 25 overlapping DNA fragments to form a complete synthetic *Mycoplasma genitalium* genome. Proceedings of the National Academy of Sciences of the United States of America, 105（51）: 20404-20409.

［15］Glass J I, Assad-Garcia N, Alperovich N, et al. 2006. Essential genes of a minimal bacterium. Proceedings of the National Academy of Sciences of the United States of America, 103（2）: 425-430.

［16］Hutchison C A, Chuang R Y, Noskov V N, et al. 2016. Design and synthesis of a minimal bacterial genome. Science, 351（6280）: aad6253.

［17］Hutchison C A, Peterson S N, Gill S R, et al. 1999. Global transposon mutagenesis and a minimal *Mycoplasma* genome. Science, 286（5447）: 2165-2169.

［18］Itaya M, Tsuge K, Koizumi M. 2005. Combining two genomes in one cell: stable cloning of the *Synechocystis* PCC6803 genome in the *Bacillus subtilis* 168 genome. Proceedings of the National Academy of Sciences of the United States of America, 102（44）: 15971-15976.

［19］Itaya M. 1995. An estimation of minimal genome size required for life. FEBS Letters, 362（3）: 257-260.

［20］Khorana H G. 1971. Total synthesis of the gene for an alanine transfer ribonucleic acid from yeast. Pure and applied chemistry Chimie pure et appliquee, 25（1）: 91-118.

［21］Kodumal S J, Patel K G, Reid R, et al. 2004. Total synthesis of long DNA sequences: Synthesis of a contiguous 32-kb polyketide synthase gene cluster. Proceedings of the National Academy of Sciences of the United States of America, 101（44）: 15573-15578.

［22］Larionov V, Kouprina N, Graves J, et al. 1996. Highly selective isolation of human DNAs from rodent-human hybrid cells as circular yeast artificial chromosomes by transformation-associated recombination cloning. Proceedings of the National Academy of Sciences of the United States of America, 93（24）: 13925-13930.

［23］Lartigue C, Glass J I, Alperovich N, et al. 2007. Genome transplantation in bacteria: changing one species to another. Science, 317（5838）: 632-638.

［24］Lartigue C, Vashee S, Algire M A, et al. 2009. Creating bacterial strains from genomes that have been cloned and engineered in yeast. Science, 325（5948）: 1693-1696.

［25］Luo J C, Sun X J, Cormack B P, et al. 2018. Karyotype engineering by chromosome fusion leads to reproductive isolation in yeast. Nature, 560（7718）: 392-396.

［26］Mitchell L A, Wang A, Stracquadanio G, et al. 2017. Synthesis, debugging, and effects of synthetic chromosome consolidation: syn VI and beyond. Science, 355（6329）: eaaf4831.

［27］Mizoguchi H, Mori H, Fujio T. 2007. *Escherichia coli* minimum genome factory. Biotechnology and Applied Biochemistry, 46: 157-167.

［28］ Morowitz H J. 1984. The completeness of molecular biology. Israel Journal of Medical Sciere, 20（9）: 750-753.

［29］ Ostrov N, Landon M, Guell M, et al. 2016. Design, synthesis, and testing toward a 57-codon genome. Science, 353（6301）: 819-822.

［30］ Richardson S M, Mitchell L A, Stracquadanio G, et al. 2017. Design of a synthetic yeast genome. Science, 355（6329）: 1040-1044.

［31］ Shao Y Y, Lu N, Wu Z F, et al. 2018. Creating a functional single-chromosome yeast. Nature, 560（7718）: 331-335.

［32］ Shen Y, Stracquadanio G, Wang Y, et al. 2016. SCRaMbLE generates designed combinatorial stochastic diversity in synthetic chromosomes. Genome Research, 26（1）: 36-49.

［33］ Shen Y, Wang Y, Chen T, et al. 2017. Deep functional analysis of syn Ⅱ, a 770-kilobase synthetic yeast chromosome. Science, 355（6329）: eaaf 4791.

［34］ Smith H O, Hutchison C A, Pfannkoch C, et al. 2003. Generating a synthetic genome by whole genome assembly: phi X174 bacteriophage from synthetic oligonucleotides. Proceedings of the National Academy of Sciences of the United States of America, 100（26）: 15440-15445.

［35］ Wang H H, Isaacs F J, Carr P A, et al. 2009. Programming cells by multiplex genome engineering and accelerated evolution. Nature, 460（7257）: 894-898.

［36］ Wang L R, Jiang S S, Chen C, et al. 2018. Synthetic genomics: from DNA synthesis to genome design. Angewandte Chemie-International Edition, 57（7）: 1748-1756.

［37］ Wu Y, Li B-Z, Zhao M, et al. 2017. Bug mapping and fitness testing of chemically synthesized chromosome Ⅹ. Science, 355（6329）: eaaf 4706.

［38］ Xie Z-X, Li B-Z, Mitchell L A, et al. 2017. "Perfect" designer chromosome Ⅴ and behavior of a ring derivative. Science, 355（6329）: eaaf 4704.

［39］ Zhang W M, Zhao G H, Luo Z Q, et al. 2017. Engineering the ribosomal DNA in a megabase synthetic chromosome. Science, 355（6329）: eaaf 3981.